청소년을 위한
처음 물리학

물리학이 '처음'인 친구들에게

청소년을 위한
처음
물리학

권영균 지음

청아출판사

오히려 쉬운 물리학,
일상 속 흥미진진한 이야기로 만나다

주변을 둘러보세요. 무엇이 보이나요? 지금 읽고 있는 이 책, 여러분 손을 거의 떠나지 않는 스마트폰, 뭐든 적을 수 있는 종이, 게임을 하고 필요한 걸 찾아보며 과제도 하는 컴퓨터, 창밖에 보이는 파란 하늘 또는 별들이 반짝이는 깜깜한 밤하늘, 흘러가는 구름, 알록달록한 나무와 꽃, 걸어가는 사람들, 달리는 자동차가 가득 찬 도로, 높이와 모양이 다른 다양한 건물, 흘러가는 강과 거기를 가로질러 건설한 다리 등등. 여러분이 보고 있는 게 무엇이든 그것이 왜 거기에 존재하는지, 어떻게 움직이거나 작동하는지 궁금하거나 신기한 적이 없나요? 이러한 궁금증과 신기함에 대한 답을 찾아가는 학문이 바로 '물리학'이랍니다.

물리학이라는 이름만 들어도 어렵다고요? 아니에요, 사실 우리 주변에 보이는 모든 곳에 물리학이 숨어 있어요. 그것을 발견하는 눈을 갖게 된다면, 세상이 훨씬 더 흥미진진하게 느껴질 겁니다. 여러분이 지금 손에 든 이 책은 때로는 신비롭고, 때로는 어렵게 느껴지는 물리학이라는 과학의 한 분야를 더 친숙하고 흥미진진하게 만나도록 이끌어 주는 안내서입니다.

1장에서는 우리가 걸을 수 있는 물리학의 원리를 알아볼 거예요. 이를 통해 주변에서 일어나는 여러 현상에 숨어 있는 물리 법칙을 탐구하려고 합니다. 물체가 멈춰 있다는 것과 움직이고 있다는 것의 차이가 무엇인지, 이들 물체에 작용하는 물리학의 중요한 법칙들도 같이 알아 갈 수 있어요.

2장에서는 우리가 좋아하는 놀이공원의 롤러코스터가 어떻게 큰 즐거움과 스릴을 주는지를 탐구해 볼 겁니다. 롤러코스터가 가장 높이 올라갔다 내려오기를 반복하는 과정을 통해 여러 형태의 에너지로 변환하고, 열이나 소리로도 나타나지만, 총에너지는 일정하다는 에너지 보존 법칙을 알게 됩니다.

3장에서는 요리를 통해 열역학의 기본을 접해 봅니다. 열이 어떻게 전달되며, 물은 어떻게 끓어서 기체가 되는지, 요리를 위해 꼭 필요한 냉장고와 전자레인지, 인덕션 레인지 등이 작동하는 원리도 같이 알아볼 거예요. 이와 함께 파동이 무엇인지, 시간의 표준이 어떻게 정의되는지, 전자기 현상의 원인 등도 살펴보려고 합니다.

4장에서는 우리 일상에서 빠질 수 없는 스마트폰에 관해 얘기합니다. 스마트폰으로 길을 찾을 때 사용하는 GPS(내비게이션)의 작동에 꼭 필요한 상대성 이론, 스마트폰의 핵심인 반도체 소자의 작동 원리인 양자역학을 이야기할 거예요.

마지막으로 일반 사람이 '편견을 가지고' 바라보는 물리학과 실제로 물리를 하는 물리학자들의 관점을 비교합니다. 물리학자들이 세상을 어떻게 바라보고, 어떤 자세로 탐구하는지 간단히 얘기해 보려고 해요.

　이 책을 읽으면서 물리학이 어렵고 멀게 느껴지지 않길 바랍니다. 오히려 물리학이 일상에서 어떻게 활동하는지 쉽게 알 수 있을 겁니다. 이 책과 함께 세상을 새로운 시각으로 바라보며 물리학의 놀라운 세계를 시작해 볼까요?

권영균

차례

1장

걸으면서 떠올린 물리학

생물은 크게 동물과 식물로 나누어집니다. 물론 동물인지 식물인지 구분하기 어려운 생물 종류도 있지만, 이를 무시한다면 동물과 식물의 가장 큰 차이는 무엇일까요? 관점에 따라 다른 답이 나오겠지만, 가장 쉽게 이야기할 수 있는 것은 동물은 스스로 움직일 수 있고, 식물은 같은 자리에 고정되어 있다는 것입니다. 그러면 우리는 어떻게 걷고, 뛰고, 움직일 수 있을까요?

나는 땅을 딛고 서서 두 다리를 번갈아 움직이면 걸어서 앞으로 나아갈 수 있습니다. 즉 신체적인 움직임이 필요합니다. 그런데 다리를 번갈아 움직이면 언제든지 걸어갈 수 있을까요? 아주 미끄러운 얼음 위에 서 있다고 생각해 보세요. 과연 얼음 위에서

그림 1 ◆ 땅의 마찰력을 이용해 움직이는 사람들

그림 2 ◆ 달리는 자동차와 눈길에 달리지 못하고 바퀴만 헛도는 자동차

도 다리를 번갈아 움직인다고 걸어서 앞으로 나아갈 수 있을까요? 마찬가지로 자동차가 움직이려면 휘발유나 경유를 이용해 엔진을 작동하거나 배터리 전원을 이용해 모터로 바퀴를 돌려야 합니다.

하지만 바퀴를 돌린다고 항상 움직일 수 있을까요? 추운 겨울 갑자기 내린 눈으로 도로가 빙판으로 변하면, 자동차도 바퀴가 헛돌며 앞으로 나아가지 못하는 것을 종종 볼 수 있습니다. 움직이려면 우리 신체의 움직임이나 자동차 엔진 또는 모터의 작동 말고도 다른 무엇인가가 필요하다는 뜻입니다. 보이는 현상만으로 판단하면, 얼음처럼 아주 미끄러운 면에서는 앞으로 나아가지 못하고, 미끄럽지 않은 면에서는 움직여 앞으로 갈 수 있다는 것입니다.

그렇다면 우리가 걸을 때나 자동차 바퀴가 돌아갈 때 미끄럽지 않은 면이 나아갈 수 있도록 무언가가 작용한다고 생각할 수 있습니다. 그게 무엇일까요? 본격적으로 알아보기 전에 어떤 물체의 움직임, 즉 운동의 '본성'에 관하여 먼저 살펴보겠습니다.

운동의 본성

　우리가 주위에서 보는 거의 모든 것은 움직이다가 결국 멈춥니다. 책상 위에서 지우개를 툭 치면 책상 위를 미끄러지듯 나아가다가 두서너 바퀴 구르고는 멈추죠. 야구공을 던지면 어느 정도 날아가다 땅으로 떨어지고 몇 번 튀거나 구르다가 결국 멈춥니다. 시속 160km 이상의 빠른 공을 던질 수 있는 메이저 리그 투수가 던지더라도 날아간 거리만 더 길어질 뿐 결국 땅으로 떨어져 멈춥니다. 멈춘다는 결과는 달라지지 않습니다. 멈추지 않고 계속 움직이려면 어떻게 해야 할까요? 지우개를 툭툭 치면서 계속해서 움직이게 하거나, 야구공을 줄에 매달아 (가능하다면) 쉬지 않고 달리면 됩니다.

♠ 아리스토텔레스의 결론과 갈릴레이의 의문

　　　　　　　　　　　이러한 사실로부터 우리는 어떤 결론을 내릴 수 있을까요? 모든 물체는 움직이더라도 결국 멈추려고 하므로 계속해서 움직이게 하려면 외부에서 지속적인 힘을 가해야 한다는 결론을 내리지 않을까요? 이 결론은 언뜻 매우 합리적이고 이성적으로 보입니다. 이것이 바로 고대 그리스의 위대한 철학자 아리스토텔레스가 내린 결론입니다. 외부에서 힘을 더해 주지 않으면 움직이는 모든 것은 결국 멈추는 게 본성이라고 합니다. 즉 정지해 있는 상태가 모든 운동의 본성이라는 것입니다. 위대한 철학자가 내린 결론이 여러분이 내린 결론과 같다는 데 희열이 느껴지지 않나요?

그런데 합리적으로 보이는 이 결론에 의문을 품은 사람들이 있었습니다. 이탈리아의 철학자이자 과학자였던 갈릴레이는 운동의 본성은 계속해서 움직이는 것이고, 정지 상태는 없다고 생각했습니다.

자, 이제 책상 위에서 툭 쳐서 움직이다가 멈춘 지우개로 돌아가 볼까요. 이번에는 지우개를 아주 미끄러운 빙판 위에 놓고 툭 쳤습니다. 지우개는 책상 위에서 움직였던 것보다 훨씬 더 멀리까지 계속 움직였습니다. 물론 이 경우라도 결국 지우개는 멈출

그림 3 ◆ 아리스토텔레스(Aristoteles, BC 384~BC 322)

그림 4 ◆ 갈릴레오 갈릴레이(Galileo Galilei, 1564~1642)

겁니다. 만약 멈추는 것이 운동의 본성이라면 지우개는 책상 위든, 얼음 위든 상관없이 같은 방식으로 멈춰야 하지 않을까요? 왜 표면마다 지우개가 나아간 거리는 물론이고, 움직이는 모습 자체가 달라지는 것일까요? 여기서 "에이, 그건 책상과 얼음 위에서 지우개에 작용하는 마찰이 달라서 그렇지요."라고 생각했다면, 여러분은 이미 운동의 본성에 관한 진실에 가까이 다가와 있습니다. 즉 아리스토텔레스가 내린 정지 상태가 운동의 본성이라는 결론이 틀렸다는 사실을 받아들일 준비가 된 것입니다.

그동안 봤던 우주 관련 영화나 애니메이션 또는 다큐멘터리를 생각해 볼게요. 지우개를 중력이 작용하지 않는 공간, 즉 무중력의 진공 상태인 우주 공간에 두었다고 상상합니다. 중력이 없으므로 받치고 있는 책상이 없어도 지우개는 아래로 떨어지지 않겠죠. 이제 지우개를 가볍게 툭 쳐 보세요. 지우개는 어떻게 움직일까요? 상상한 대로 더는 멈추지 않고 방향을 바꾸지도 않으며 일정한 속력으로 우주 공간을 영원히 움직여 나아갈 것입니

중력 중력은 4장에서 다시 다룰 것입니다. 지금은 여러분이 생각하는 바로 그 '중력'을 생각해 보세요.

그림 5 ◆ 우주 공간을 날아가는 지우개

그림 6 ◆ 운동의 본성

외부에서 힘이 작용하지 않으면 정지해 있는 물체는 계속 정지해 있고, 일정한 속도로 움직이는 물체는 계속해서 그 속도로 일정하게 움직입니다. 바로 뉴턴 제1 법칙입니다.

다.◆그림5 지우개가 계속해서 움직이게 하려면 아무런 힘을 가할 필요가 없습니다. 그냥 계속 움직이는 것이죠. 오히려 지우개를 멈추게 하려면 힘을 가해야 합니다. 또는 움직이는 방향을 바꾸거나 움직이는 속력을 더 빠르게 혹은 더 느리게 하려면 힘을 가해야 합니다.

그렇다면 책상 위에서는 왜 지우개가 미끄러지거나 혹은 몇 바퀴 구르다 멈추는 것일까요? 지우개가 움직일 때 책상 표면에 생기는 마찰 때문입니다. 다른 말로 표현하면 외부, 즉 책상 표면이 지우개의 운동을 방해하는 힘을 작용한 것입니다.

이제 아리스토텔레스의 결론을 뒤집을 때가 되었습니다. 물체는 외부로부터 아무런 힘을 받지 않으면 운동 상태를 유지합니다. 즉 멈춰 있던 물체는 계속 멈춰 있고, (우주 공간에서 일정한 속력으로 방향을 바꾸지 않고 날아가는 상상 속의 지우개처럼) 운동하고 있는 물체는 운동 상태를 그대로 유지합니다. 이것이 진짜 운동의 본성입니다.◆그림6

뉴턴 제1 법칙

운동의 본성을 물리학 법칙으로 정리한 사람은 역사상 가장 위대한 물리학자 중 한 명으로 불리는 뉴턴입니다. 놀랍게도 뉴턴은 이 세상에서 일어나는 다양한 운동 현상을 단 세 가지 물리 법칙으로 설명할 수 있었습니다. 그 세 가지 법칙 중 제1 법칙을 관성의 법칙이라고 하는데, 이 법칙이 정확히 우리가 지우개의 운동으로부터 내린 결론과 같습니다.

뉴턴 제1 법칙 관성의 법칙

물체는 외부에서 힘이 작용하지 않으면 일정한 속도로 움직입니다.

그림 7 ◆ 아이작 뉴턴(Isaac Newton, 1642~1727)

관성이라는 단어는 우리가 일상에서 자주 사용하는 단어입니다. 새로운 것으로 바꾸지 못하고 늘 하던 대로 습관적으로 하는 사람에게 우리는 종종 관성에서 벗어나라고 이야기합니다. TV 드라마 제작자들도 사람들이 관성에 따라 움직이는 걸 잘 알고 있습니다. 드라마 성공 여부는 1, 2회 방송분이 결정한다고 흔히 이야기합니다. 1, 2회에서 관심을 충분히 끌면 시청자가 관성에 따라 계속 보는 경향이 많기 때문이라는 것입니다. 이렇게 우리 인간의 행태도 관성의 법칙에서 벗어나기 어렵습니다.

관성으로 운동 상태를 유지하고 있는 물체의 운동 상태를 바꾸려면 어떻게 해야 할까요? 우리가 내린 결론에 바로 그 답이 있습니다. 결론의 전제 조건인 '외부로부터 아무런 힘을 받지 않으면'을 '외부로부터 힘을 받으면'으로 바꾸는 거죠. 그러면 '물체는 운동 상태를 바꾼다'로 결론이 바뀝니다. 책상 위의 지우개도 마찬가지입니다. 책상 위에 정지해 있던 지우개의 상태는 지우개를 툭 친 외부 힘으로 움직이는 상태로 바뀐 것입니다. 그리고 이렇게 움직이던 지우개는 책상이 지우개에 작용하는 마찰력이라는 또 다른 외부 힘에 의해 움직이던 속력이 줄어 결국 멈춘 상태가 된 것입니다.

좀 더 체계적으로 접근해 볼까요? 무거운 물체와 가벼운 물체가 정지해 있다면, 어떤 것을 더 쉽게 움직이게 할 수 있을까요? 이 두 물체가 같은 속력으로 움직이고 있다면, 어떤 것을 더 쉽게 멈추게 할 수 있을까요? 여러분은 이미 답을 했을 겁니다. 그래요. 두 질문의 답 모두 '가벼운 물체'입니다. 우리는 경험으로 명확하게 알고 있습니다. 커다란 냉장고를 밀어 옮기는 것보다 지우개를 밀어 옮기기가 훨씬 쉽고요, 굴러오는 거대한 바위를 세우는 것보다 굴러오는 축구공을 세우기가 더 쉽죠.

￥ 관성과 무게

        우리가 쉽게 답할 수 있는 이런 현상과 뉴턴 제1 법칙을 묶어서 생각해 보겠습니다. 물체의 운동 상태를 유지하는 성질인 관성은 가벼운 물체보다 무거운 물체에서 더 크다고 얘기할 수 있습니다. 그렇다면 관성이라는 것은 무겁다, 가볍다 같은 무게와 관련이 있다는 걸까요? 무겁다와 가볍다의 차이는 뭘까요? 이 책을 읽으면서 스스로의 몸무게를 떠올리고 자신보다 가벼운 친구 A와 무거운 친구 B를 한 명씩 떠올려 보세요. 예를 들어 내 몸무게가 60킬로그램중^{kgw}이고, 친구 A와 B는 각각 48kgw, 72kgw이라면 나와 친구 A, B의 몸무게 크기는 'A〈나〈B'가 될 것이고, 경험상 관성도 그 순서라고 생각할 수 있습니다.

    이제 나와 친구 A, B가 달에 있다고 상상해 봅시다. 아마 영상으로 우주복을 입은 사람이 달 위에서 아주 높이 뛰어오르는 걸

킬로그램중(kgw) 여기서 사용한 몸무게 단위 '킬로그램중(kgw)'은 우리가 무게 단위로 보통 사용하는 '킬로그램(kg)'의 정확한 표현입니다. '중'은 지구 중력을 의미하는 것으로, 지구에서 측정된 무게를 나타냅니다.

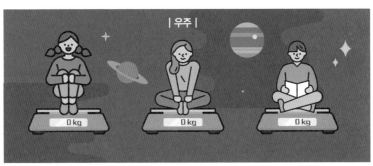

그림 8 ◆ 지구, 달, 우주 공간에서의 몸무게

몸무게는 중력이 작용해 나타나는 양입니다. 따라서 지구와 달에서처럼 중력이 다르면 몸무게가 달라집니다. 심지어 중력인 0인 우주 공간에서는 몸무게도 0이 됩니다.

본 적이 있을 겁니다. 달의 중력이 지구 중력의 1/6 정도라는 말도 들어 봤을 것입니다. 달이 지구보다 훨씬 가볍고 작아서 잡아당기는 중력이 약하니 더 높이 뛰어오를 수 있습니다. 실제로 달에서 **나**의 몸무게를 저울로 재면 10kgw 정도 나옵니다. 친구 A, B의 몸무게는 각각 8, 12kgw 정도 되겠죠. 그렇다면 달에서 **나**와 친구들의 관성은 지구에서보다 작아졌을까요?

극단적으로 아무것도 없는 우주 공간에 있다고 상상해 보겠습니다. 중력도 없고, 공기도 없어요. **나**를 받쳐 주는 게 아무것도 없지만, **아래**로 잡아당기는 중력이 없으므로 **나**는 **아래**로 떨어지지 않습니다. 사실 우주 공간에서는 지구에서와 달리 위, 아래, 오른쪽, 왼쪽, 동, 서, 남, 북 등 방향은 의미가 없습니다. 우주 공간에서 **나**의 몸무게는 얼마일까요? 저울에 올라가도 잡아당기는 중력이 없어 저울이 눌러지지 않습니다. 당연히 무게는 0이 될 겁니다. 친구 A, B도 똑같이 0입니다. 그렇다면 중력이 없는 우주 공간에서 **나**에게는 관성이 없는 걸까요? 우주 공간에 지구에서 무게가 1톤^{1,000kgw}인 바위와 10그램중$^{0.01kgw}$인 지우개가 놓여 있다고 상상해 보세요. 물론 이들도 **아래**로 떨어지지 않습니다. 이곳에서는 두 물체의 무게도 0이 나올 겁니다.

이제 **내**가 이 두 물체를 같은 힘으로 밀면 어떻게 될까요? 바위와 지우개 모두 같이 움직일까요? 그렇지 않습니다. 지구에서 무거웠던 바위는 여전히 밀어내기 어렵고, 밀리더라도 매우 느리고 천천히 움직일 것입니다. 하지만 지우개는 쉽게 밀 수 있고, 아주 빨리 날아가겠죠. 게다가 우주 공간은 공기가 없는 진공 상태라 공기 저항을 받지 않습니다. 즉 바위와 지우개는 서로 다른 속력이지만 멈추지 않고 영원히 날아갈 것입니다.

반대로 우주 공간에 멈춰 있는 **내**게로 저 멀리서 바위와 지우개가 같은 속력으로 날아오고 있는 상황을 상상해 보세요. 날아오는 지우개는 쉽게 잡아 멈출 수 있지만, **내**가 슈퍼맨이 아니라면 날아오는 커다란 바위를 멈춰 세우려 하지 말고, 할 수만 있다면(과연 할 수 있을까요?) 부딪히지 않도록 미리 피하는 것이 좋을 겁니다. 바위든, 지우개든 운동 상태를 바꾸려면 외부에서 힘이 작용해야 합니다. 물체의 운동 상태를 바꾼다는 것은 일정하게 유지되던 속도를 바꾸는 것입니다. 속도를 바꾼다는 것은 움직이는 방향이 변하지 않더라도 속력을 바꾸거나, 속력은 일정해도 움직이는 방향을 바꾸는 것을 의미합니다.

✦ 속도와 속력 이해하기

속도와 속력이라는 물리량의 개념을 **그림 9**를 보면서 조금 더 이해해 보겠습니다.

나는 O에서 출발하여 빨간색으로 표시된 직선 경로 1을 따라 100m 떨어진 A에 10초 후에 도달했습니다. 그러면 **나**는 10초 동안 100m, 즉 1초$^{second, s}$당 10m씩 움직인 것이므로 **나**의 속력은 초속 10m, 또는 10m/s라고 합니다. 이 값을 시속으로 바꿔 보겠습니다. 1분은 60초, 1시간은 60분이므로, 1시간은 3,600초가 됩니다. 따라서 1초에 10m를 간다는 것은 1시간$^{hour, h}$ 동안 36,000m, 즉 시속 36km, 또는 36km/h로 간다는 것입니다. 이렇게 움직인 거리를 걸린 시간으로 나눈 양을 **속력**이라고 합니다. 마찬가지로 **내**가 O에서 출발해 10초 만에 다른 직선 경로 2나 3을 따라 B나 C에 도달했다면, 같은 거리를 같은 시간 걸려서 도달했으므로 **나**의 속력은 경로 1을 따라 A에 도달할 때와 같이 10m/s입니다. 이렇게 속력을 얘기할 때는 어떤 방향으로 움직였는지를 포함하지 않습니다.

하지만 우리가 도달한 지점이 A인지, B인지, 혹은 C인지는 실제로 중요합니다. 예를 들어 **내**가 집에서 출발해 시속 60km로 10km 떨어진 아무 곳으로 가는 것이 중요한 게 아니라 학교나

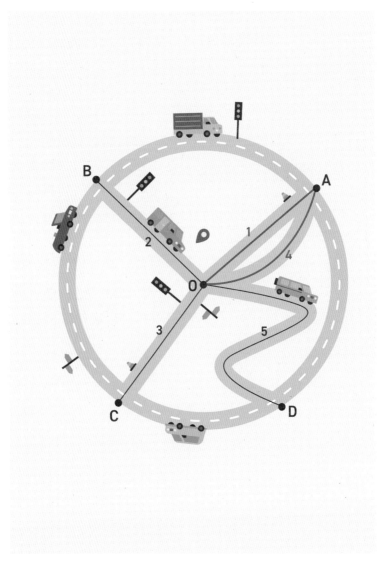

그림 9 ◆ 마을에서 움직이는 여러 경로

학원, 또는 극장이라는 목적지가 중요합니다. 이렇게 속력과 함께 방향을 고려한 물리량을 속도라고 합니다. 직선 경로 1, 2, 3을 따라 움직인 속력은 모두 같지만, 목적지 A, B, C는 모두 다르므로 각각의 경로를 따라 움직일 때의 속도는 모두 다릅니다. 속력처럼 방향과 무관하게 크기만을 따지는 물리량을 스칼라라고 하고, 속도와 같이 크기와 방향을 모두 고려하는 물리량을 벡터라고 합니다.

한편 우리가 걷거나 뛸 때, 혹은 자동차를 타고 갈 때 늘 일정한 속력을 유지하지 못합니다. O에서 정지해 있다가 출발할 때는 속력이 0이었다가 커지는 것이고, A에 도달해서 멈출 때는 속력이 0으로 줄어들어야 합니다. 게다가 움직이던 경로 중간에도 빨라졌다 느려졌다 할 수 있습니다. 따라서 앞에서 구한 10m/s는 그냥 속력이 아니라 평균 속력이라고 하고, 움직이는 매 순간의 속력을 순간 속력이라고 합니다. 이렇게 순간순간 속력이 바뀌거나, 속력은 일정하지만 방향이 바뀌면 속도가 변하는 것입니다. 속도가 변하는 것을 정량화한 물리량을 가속도라고 합니다.

뉴턴 제2 법칙

이제 다시 우주 공간에서 **내** 앞에 정지해 있는 바위와 지우개 이야기입니다. 지우개를 살짝 밀면 느리게 날아가지만, 세게 밀면 훨씬 빨리 날아갈 것입니다. 바위도 살짝 미느냐 세게 미느냐에 따라 날아가는 속력이 달라지겠지만, 같은 세기로 지우개를 밀었을 때 비해서는 훨씬 느리게 날아갈 것입니다. 이렇게 같은 물체에 작용한 힘의 세기에 비례해서 가속도가 생깁니다. 즉 가속도는 외부에서 작용한 힘에 비례합니다. 따라서 **내** 앞에 정지해 있던 바위와 지우개를 같은 힘으로 밀면, 바위보다 지우개가 훨씬 더 빨리 움직이게 돼 가속도가 크다는 것을 알 수 있습니다. 즉 같은 힘으로 밀었을 때, 지우개가 바위보다 훨씬 큰 가속

도를 얻습니다. 반대로 내게 빠르게 날아오는 지우개를 잡아 멈추는 건 쉽게 할 수 있지만, 같은 속력으로 날아오는 거대한 바위를 멈추는 건 **내**가 할 수 없습니다. **나**보다 훨씬 큰 힘으로 막아 낼 수 있는 거대한 벽이 있어야 할 것입니다.

같은 속력으로 날아오는 바위와 지우개를 같은 시간 동안 막아 속력이 0이 되도록 멈췄다면, 그때 바위와 지우개는 같은 음의 가속도(일상에서는 감속이라고 합니다)를 얻게 됩니다. 즉 음의 값이든 양의 값이든 같은 크기의 가속도를 얻으려면 지우개보다 바위에 훨씬 더 큰 힘을 가해야 합니다. 무중력 상태에서는 바위와 지우개의 무게가 둘 다 0입니다. 하지만 무게와 무관하게 자신의 운동 상태를 유지하려는 관성은 지구에 있을 때와 마찬가지로 바위는 크고 지우개는 작아서 달라지지 않았다고 생각할 수 있습니다. 이제 우리는 뉴턴의 세 가지 법칙 중 두 번째 법칙을 이해할 수 있는 단계가 됐습니다.

뉴턴 제2 법칙 가속도의 법칙

물체에 외부에서 힘(F)이 작용하면 그 힘에 비례하는 가속도(a)가 생깁니다. 즉 힘과 가속도는 $F=ma$라는 관계를 만족합니다.

여기서 m을 외부 힘을 받고 있는 물체의 질량이라고 합니다. **나**의 몸무게를 다시 생각해 보겠습니다. 지구에서는 60kgw, 달에서는 10kgw, 우주 공간에서는 0입니다. 어디에서 측정했느냐에 따라 달라지는 몸무게와 달리 **나**의 관성을 나타내는 변하지 않는 양이 뭘까요? 그게 바로 질량입니다. 60kgw이라는 **나**의 몸무게는 60kg의 질량을 가지고 있는 **나**에게 지구가 작용하는 중력의 세기입니다. 즉 **내**가 정지해 있든지 걸어가고 있든지, **나**는 항상 중력을 받고 있습니다.

여기서 의아할 수 있습니다. 뉴턴 제2 법칙에 따르면, 외부에서 힘이 작용하면 그 힘에 비례하는 가속도가 생겨야 합니다. 그런데 **나**는 어떻게 움직이지 않고 가만히 서 있을 수 있을까요? 이런 의문이 생겼다면 지금 낮은 의자 위로 올라가 봅시다. 그리고 아무것도 없는 허공으로 조심해서 발을 내디뎌 보세요. 의자에서 아래로 떨어지지 않고 공중에 떠 있을 수 있는 사람은 아무도 없습니다. 아래로 떨어지는 게 바로 지구가 나에게 중력이라는 힘을 작용하여 **내**게 가속도가 생기도록 한 것입니다.

중력은 신기하게도 **나**와 직접 연결된 게 아무것도 없이 작용하며, **나**뿐만 아니라 지구 위에 있는 모든 물체에 작용하여 똑같은 가속도를 만듭니다. 의자에서 떨어질 때 생긴 **나**의 가속도나 내 손에 있던 지우개가 떨어질 때 생긴 가속도, 1톤짜리 바위가 절벽에서 떨어질 때의 가속도가 모두 같다는 겁니다.

✦ 중력 가속도

뉴턴 제2 법칙이 알려 주는 힘과 가속도의 관계 $F=ma$를 이용해서 중력의 효과를 잘 생각해 볼까요? 중력이 작용하는 물체의 질량 m이 얼마인지에 관계없이 모든 물체의 가속도는 항상 같다는 것입니다. 이 특별한 가속도를 **중력 가속도**(g로 표시)라고 하고, 그 값은 $g = 9.8\text{m/s}^2$입니다. 가속도도 앞에서 얘기한 속도와 속력을 구별할 때 언급한 벡터양입니다. 그래서 중력 가속도를 제대로 표현하려면 9.8이라는 값만 언급하면 안 되고, 지구 중심을 향하는 방향도 같이 언급해야 합니다.

모든 물체가 같은 가속도를 가지므로 물체에 작용하는 힘은 물체의 질량에 비례합니다. 이처럼 아무것도 없는 것 같은 공간에 직접 연결돼 있지 않지만, 그 물체가 가지는 양에 비례하여 힘이 작용하는 공간을 물리학에서는 장field 또는 마당이라고 합니다. 지금 언급하고 있는 지구의 중력이 작용하는 공간을 중력장이라고 하고, 물체의 질량에 비례하는 힘이 작용합니다. 지구 중력장의 특징을 나타내는 양이 바로 중력 가속도 g입니다. 또 물체가 가지고 있는 전하량에 비례해서 힘이 작용하는 공간을 전기장이라고 하고, 자석의 세기에 비례해서 힘이 작용하는 공간을 자기장이라고 합니다.

지구에서의 **내** 몸무게가 60kgw이라는 것은 질량이 60kg인 **내**게 중력 가속도 **중**이 생기도록 중력이 작용한다는 뜻입니다. 달은 지구보다 훨씬 작은 천체라 달이 만드는 중력장에서는 모든 물체가 지구에서의 중력 가속도보다 1/6의 가속도, 즉 가속도 $g/6$가 생겨 **내** 몸무게뿐만 아니라 모든 물체의 무게가 1/6로 줄어듭니다. 중요한 것은 모든 물체의 질량이 변하는 게 아니라 가속도가 변하는 것입니다. 진공 상태인 우주 공간에서는 아무런 중력이 작용하지 않습니다. 이에 **나**와 모든 물체는 운동 상태를 바꾸지 못하므로 가속도가 0이 되고, 따라서 모든 물체의 무게가 0이 됩니다. 하지만 모든 물체의 질량은 여전히 변하지 않는 거죠.

그런데 여전히 이상하다고 느끼는 독자가 있을 것 같습니다. 지구에 있는 **내**게 중력이 작용해 중력 가속도가 생겼다면 왜 **내** 운동 상태가 바뀌지 않고 땅에 가만히 서 있는 걸까요? 이런 생각을 했다면, 이제 힘의 평형이라는 물리학의 중요한 개념을 배울 단계가 된 것입니다. 그건 지구가 나를 아래로 잡아당기는 중력과 정확히 같은 크기의 힘으로 땅이 나를 위로 밀고 있기 때문입니다. 내가 땅을 뚫고 들어갈 수 없도록 땅이 나를 떠받쳐 주고 있습니다. 결국 내게 작용하는 외부 힘은 0입니다. 따라서 내가 얻게 되는 가속도는 0이라 가만히 정지 상태를 유지할 수 있습니다. 이렇게 외부에서 여러 힘이 작용하더라도 그 힘들이 서로 상쇄하여 없어져 아무런 힘이 작용하지 않는 상태를 평형 상태라고 합니다.

외부에서 작용하는 총힘이 0이 돼 가속도가 생기지 않고 뉴턴 제1 법칙인 관성의 법칙을 따라 운동 상태를 유지하게 됩니다. 하지만 총힘이 0이 아니라 어떤 방향으로 힘이 작용한다면, 뉴턴 제2 법칙인 가속도의 법칙에 따라 그 힘의 방향으로 가속도가 생깁니다. 이런 관점에서 뉴턴 제1 법칙은 외부에서 작용하는 총힘이 0이 되는 극단적인 상황에서의 뉴턴 제2 법칙에 해당한다고 볼 수 있습니다.

✦ 중력 가속도와 공기 저항

가속도의 크기를 나타내는 단위인 m/s^2을 생각해 보겠습니다. 속력은 1초에 몇 m를 갈 수 있는지 알려 주는 것입니다. 그래서 단위는 m/s입니다. 1시간에 몇 km를 가느냐로 나타내면 단위가 km/h가 됩니다. 가속도는 1초에 속력이 얼마나 증가하느냐를 알려 주는 것입니다. 중력 가속도 값인 $9.8m/s^2$이라는 것은 매초 속력이 9.8m/s만큼씩 변한다는 것입니다. 물론 매초 계단식으로 변하는 것이 아니라 점점 빨라져서 1초 동안 그만큼 변하게 된다는 것이죠.

예를 들어 높은 절벽 위에서 돌멩이를 잡고 있다 놓으면 돌멩이는 절벽 아래로 떨어질 겁니다. 떨어지기 직전(0초)에 0이었던 속력이 매초 9.8m/s가 빨라져, 1초 후에 9.8m/s, 2초 후에는 19.6m/s, 3초 후에는 29.4m/s가 된다는 것입니다. 물론 지구 표면은 공기가 없는 진공 상태가 아니므로 돌멩이는 떨어지면서 중력 외에도 떨어지는 반대 방향, 즉 위쪽으로 작용하는 공기에 의한 저항력을 받습니다. 따라서 돌멩이에 작용하는 외부 힘은 아래로 작용하는 중력과 위로 작용하는 공기 저항력입니다. 이때 중력 일부가 반대 방향의 공기 저항력에 의해 상쇄돼 실제 아래로 작용하는 힘은 중력보다 작아집니다. 게다가 공기 저항은 움직이는 물체의 속력이 빠를수록 더 크게 작용합니다. 점점 가속하여 속력이 커질수록 아래로 작용하는 힘의 크기는 줄어들고 가속도도 같이 줄어듭니다.

공기 저항은 물체 모양이나 크기에 따라 작용하는 정도가 크게 달라집니다. 비행기나 기차, 자동차(특히 경주차) 등의 모양을 묘사하는 책이나 기사에서 유선형이라고 표현하는 것을 본 적이 있을 겁니다. 모양을 유선형으로 만드는 것은 공기 저항을 줄이려는 것입니다.

높은 곳에서 돌멩이와 깃털을 떨어뜨리면 어떻게 될까요? 만약 지구의 중력만 있고, 공기가 전혀 없는 진공 상태라면 두 물체는 동일한 중력장에 놓여 질량에 비례하는 힘을 받아 동일한 가속도 g로 가속하여 동시에 땅에 도달할 것입니다. 하지만 여러분의 경험으로는 전혀 다르다는 것을 압니다. 돌멩이가 먼저 떨어지고, 깃털은 훨씬 천천히 떨어지죠. 바로 공기 저항의 영향입니다. 떨어지는 깃털에 작용하는 공기 저항력은 떨어뜨린 지 얼마 되지 않아서 지구 중력과 같은 크기로 반대 방향으로 작용하게 됩니다. 즉 깃털에 작용하는 총힘이 0인 평형 상태가 돼 그때부터 더는 가속하지 않고 일정한 속력으로 떨어집니다. 이렇게 떨어질 때 더는 가속하지 않고 도달한 속력을 **종단 속력**이라고 합니다.

하늘에서 떨어지는 눈이나 비, 우박을 떠올려 보세요. 이들도 모두 종단 속력에 도달한 채로 떨어집니다. 하지만 내리는 눈의 종류, 빗방울이나 우박의 크기에 따라 공기 저항력이 다르게 작용하여 각각의 종단 속력은 서로 다릅니다. 대략 분류해 보면 눈이 가장 느리고, 우박이 가장 빠르죠. 우박은 지금도 큰 피해를 주지만, 비나 눈도 공기 저항에 의해 종단 속력에 도달하지 않고 중력에 의해 계속 가속돼 떨어졌다면, 엄청난 피해를 주게 될 겁니다.

뉴턴 제3 법칙

운동에 관한 두 가지 법칙을 배웠으니 이 장의 원래 질문으로 돌아갑시다.

"우리는 어떻게 걸을 수 있을까요?"

내가 가만히 서 있다가 걷기 시작한다는 것은 내가 속력 0으로 멈춰 있다가 어떤 유한한 값의 속력으로 움직인다는 것입니다. 즉 내가 걷기 시작하는 순간 내게 가속도가 생긴 것입니다. 뉴턴 제2 법칙에 따르면, 가속도가 생기려면 외부에서 힘이 작용해야 합니다. 나를 걷게 한 외부 힘이 뭘까요?

"내가 다리를 앞뒤로 움직이니까 걷는 거지 무슨 외부 힘이 있다는 거야?"라고 의문을 가지는 독자도 있을 겁니다. 하지만 앞

그림 10 ◆ **와이어에 매달려 연기하는 배우**

와이어가 잡아당기는 장력과 중력이 평형을 이뤄 떨어지지 않습니다.

에서도 언급한 것처럼 아주 미끄러운 얼음 위에서는 다리를 움직여도 거의 앞으로 나아가지 못할 수 있습니다. 빙판길에서 자동차의 강력한 엔진으로 바퀴를 돌려도 제자리에서 헛도는 것처럼 말이죠. 혹은 유명한 액션 배우가 돼 공중에 떠서 날아가는 장면을 연기하고 있다고 상상해 보세요. 실제로 날아가는 것이 아니라 화면에는 드러나지 않지만, 강력한 와이어에 묶여 옮겨진다는 건 다 알고 있을 겁니다. 그렇게 와이어에 묶여 공중에 매달려 정지해 있다면, 아무리 두 다리를 앞뒤로 움직여도 앞으로나 뒤로 이동할 수 없겠죠. 외부에서 작용하는 힘이 없기 때문입니다. 참고로 와이어에 묶여 공중에 매달려 정지해 있는 상태도 평형 상태입니다. 아래로 잡아당기는 중력과 천장에 매달린 와이어가 여러분을 위로 잡아당기는 장력(줄이 잡 당기는 힘)이 서로 상쇄돼 0이 되기 때문입니다.

☝ 작용과 반작용

그렇다면 무엇이 우리를 걷게 하는 걸까요? 이를 알려면 뉴턴의 제3 법칙인 작용-반작용의 법칙을 이해해야 합니다.

뉴턴 제3 법칙 작용─반작용의 법칙

어떤 물체 A가 다른 물체 B에 힘(작용)을 가하면, 물체 B는 물체 A에 동시에 크기는 같고 방향이 반대인 힘(반작용)을 가합니다.

뉴턴 제3 법칙은 어떤 한 물체가 다른 물체에 일방적으로 힘을 가하는 것이 아니라 상호 작용을 하고 있다는 것을 알려 줍니다.

지금 일어나서 **그림 11**처럼 벽을 마주 보고 두 손을 벽에 대 보세요. 그리고 벽을 힘차게 밀어 보세요. 무슨 일이 일어났을까요? 실제로 벽은 뒤로 밀려나지 않고 여러분만 뒤로 밀려났을 것입니다. 내가 물체 A이고 벽이 물체 B에 해당합니다. 그리고 **내**(A)가 벽(B)을 힘차게 민 것이 작용을 한 겁니다. 이 작용은 벽(B)이 **나**(A)에게 정확히 크기가 같고 방향이 반대인 반작용을 가해 **나**(A)를 뒤로 밀어낸 것입니다. 즉 벽의 반작용이 **내**게 작용한 외부 힘이고, 이 힘으로 가속도가 생겨 뒤로 밀려난 거죠. 꼭 벽일 필요는 없습니다. 친구와 양손을 맞대고 서서 밀면 뉴턴 제3 법칙의 존재를 이해하게 될 것입니다.

작용─반작용의 법칙은 이뿐만이 아닙니다. 앞에서 지구가 우

작용　반작용

그림 11 ◆ 우리가 벽을 밀면(작용) 그만큼 반대 방향으로 우리를 밉니다(반작용).

리를 잡아당기는 중력을 이야기했습니다. 지구에 의해 내게 중력이 작용하는 상황에서 뉴턴 제3 법칙을 적용해 보겠습니다. 지구(A)가 나(B)를 잡아당기는 중력을 작용이라고 한다면, 반작용이 뭘까요? 바로 그 중력과 정확히 크기는 같고 반대 방향으로 내(물체 B)가 지구(물체 A)를 잡아당기는 힘입니다. 지구가 나를 잡아당기는 중력과 정확히 같은 크기로 나도 지구를 계속해서 잡아당기고 있는 것입니다. 나뿐만 아니라 지구 중력장에 놓인 모든 물체와 지구는 뉴턴 제3 법칙에 따라 작용-반작용으로 서로에게 힘을 가하고 있습니다.

✦ 힘의 평형과 작용-반작용 구분하기

여기서 하나 주의해서 생각할 것이 있습니다. 간혹 물리학을 처음 공부할 때 위에서 언급한 힘의 평형과 여기서 언급하고 있는 작용-반작용을 혼동할 때가 있습니다. 힘의 평형은 힘을 받는 물체 하나에만 적용하는 개념인 데 반하여, 뉴턴 제3 법칙은 상호 작용하는 두 물체 사이에 적용하는 개념입니다. 내가 지구의 중력을 받는데도 가속도가 생기지 않고 땅에 가만히 서 있는 것을 작용-반작용 법칙에 의해 내가 같은 크기의 힘으로 지구를 반대 방향으로 당겨 균형을 맞춘 거라고 생각한다면, 완전히 틀린 겁니다.

어떤 물체에 작용하는 힘의 평형은 바로 그 물체만 고려해야 합니다. 그 물체에 작용하는 모든 힘이 0이 되는 상태입니다. 힘의 평형을 이해하려면 **나**를 아래로 잡아당기는 지구 중력과 평형을 이루도록 **나**에게 작용하는 또 다른 힘을 찾아야 합니다. 이때 **내**가 딛고 있는 땅이 **나**를 위로 떠받쳐 올리는 힘은 정확히 중력과 크기가 같고 방향이 반대입니다. 따라서 **내**게 작용하는 총힘이 0이 돼 **나**는 힘의 평형 상태에 있는 것입니다.

지구가 **내**게 작용하는 중력과 땅이 나를 떠받쳐 올리는 힘은 작용-반작용의 관계가 아니라 그냥 **나**에게 작용하는 두 가지의 외부 힘입니다. 지구가 나를 잡아당기는 중력의 반작용은 **내**가 지구를 잡아당기는 중력이고, 땅이 나를 떠받쳐 올리는 힘은 **내**가 땅을 누르는 작용에 대한 반작용이라고 할 수 있습니다.

이때 어떤 게 작용이고, 어떤 게 반작용인지 구별하는 것은 그리 중요하지 않습니다. 어느 하나를 작용이라고 한다면, 다른 하나가 반작용입니다. 따라서 작용-반작용의 법칙은 힘의 평형과 전혀 상관이 없는 것이니 주의해야 합니다.

우리가 걸을 수 있는 이유

우리가 걸을 수 있는 건 바로 작용-반작용의 법칙에 의한 것입니다. 물론 우리 몸에 저장된 에너지를 이용하고, 다리 근육을 이용해 발을 앞뒤로 움직이는 것도 당연히 필요합니다.

신발을 신든 벗든, 우리 발은 땅바닥에 접촉해 있습니다. 발바닥과 땅 사이에 마찰력이 충분하다면, 걷기 위해 다리를 움직일 때 신발 바닥면이나 발바닥은 미끄러지지 않고 작용하여 땅을 뒤로 밀게 됩니다. 그러면 작용-반작용의 법칙에 따라 우리가 미는 힘과 정확히 크기는 같고 방향이 반대인 힘, 즉 앞으로 미는 반작용을 땅이 우리에게 가합니다. 바로 이 반작용이 우리가 앞으로 걸어갈 수 있도록 밀어주는 외부 힘의 역할을 합니다. 만약 아주

그림 12 ◆ **움직일 수 있는 이유**

우리가 걷거나 자동차가 달릴 수 있는 건 마찰력이 존재하기 때문입니다. 신발이나 타이어가 땅을 뒤로 미는 힘(작용)에 대한 반작용으로 땅이 우리를 앞으로 밀어주면서 움직일 수 있습니다.

미끄러운 얼음 위에서처럼 발바닥과 얼음 표면 사이에 마찰력이 거의 없다면, 발이 뒤로 미끄러져 얼음에 작용을 가할 수 없게 되겠죠? 따라서 얼음으로부터 반작용을 거의 받을 수 없으므로 잘 걷지 못하게 됩니다.

이제 똑같은 상황을 자동차에 적용해 볼까요? 도로 위에서는 자동차 타이어와 도로면 사이에 충분한 마찰력이 있어야 합니다. 그래야 바퀴가 돌면서 도로면과 접촉하는 타이어가 도로를 뒤로 밀 수 있습니다. 그러면 도로가 동일한 크기의 힘으로 타이어, 즉 자동차를 앞으로 미는 반작용을 가하면서 자동차는 달리게 됩니다.◆ 그림 12

여기에 의아한 점이 있습니다. 마찰력은 공기 저항과 비슷하게 우리 움직임을 방해해서 멈추게 하는 힘입니다. 그런데 마찰력이 왜 우리가 걷거나 자동차가 움직이는 데 필요할까요? 마찰력은 항상 움직이거나 움직이려는 방향의 반대 방향 또는 힘이 작용하는 반대 방향으로 작용합니다. 그래서 대부분 움직임을 방해해 속력을 늦추고 결국 멈추게 하는 힘입니다. 공기 저항이나 마찰력을 줄여 속력이 줄어들지 않고 계속 움직이게 할 수 있다면, 필요한 에너지를 줄일 수 있습니다. 이에 관한 연구가 많이 이루어지는 이유입니다.

하지만 마찰력이 없는 것이 반드시 좋은 일은 아닙니다. 앞에서 본 것처럼 아주 미끄러운 빙판길에서는 걸어서 움직이는 게 거의 불가능하고, 자동차 바퀴도 헛돌아 움직이지 못합니다. 또 마찰력이 전혀 없다면 책상을 약간만 기울여도 모든 게 미끄러져 떨어지겠죠. 그뿐만 아니라 우리가 종이에 연필이나 펜으로 글씨를 쓰거나 붓으로 그림을 그리는 것도 마찰력 때문에 가능합니다. 연필의 흑연 가루나 펜의 잉크, 또는 붓에 묻은 물감이 종이에 붙어서 가능한 것이죠. 마찰력이나 공기 저항이 없다면 자동차나 기차가 달릴 수도, 멈출 수도 없을 겁니다. 움직이는 건 계속해서 움직이고, 멈춰 있는 건 영원히 멈춰 있을 수밖에 없습니다.

앞으로는 걸을 때마다 마찰력에 의해서 내가 땅을 미는 작용의 반작용으로, 땅이 나를 미는 반작용으로 걸을 수 있다는 걸 항상 생각하면 좋겠습니다.

그림 13 ◆ 펜으로 종이에 글씨를 쓰는 것도 마찰력이 없다면 불가능합니다.

롤러코스터를 타면서 떠올린 물리학

이 책을 읽는 독자 대부분은 공부하는 것보다는 노는 것을 더 좋아할 겁니다. 그런데 노는 데에도 물리학이 빠질 수 없다는 것이 아이러니라면 아이러니입니다.

가장 즐겁게 놀 수 있는 방법 중 하나가 놀이동산에 가서 놀이기구를 타는 것입니다. 놀이동산에서 가장 타고 싶은 놀이기구를 꼽으라고 한다면, 물론 사람마다 다르겠지만 아마 높은 비율로 롤러코스터가 꼽힐 것입니다. 그래서 롤러코스터는 타기 전에 길게 줄을 서야 하지만, 오랜 기다림을 상쇄할 만큼의 즐거움과 쾌감을 주는 놀이기구입니다. 거의 수직에 가까운 각도로 떨어지면서 폭발적인 질주를 하고, 심지어 360도로 한두 차례 회

그림 1 ◆ 롤러코스터가 달리는 모습

전을 하기도 합니다. 이러한 롤러코스터에 숨겨져 있는 물리 법칙을 살펴본다면, 더 큰 즐거움을 느낄 수 있을 것입니다.

이제 롤러코스터에 올라타 볼까요? 롤러코스터에 타고 안전장치로 몸을 잘 고정하면 롤러코스터는 출발해 위로 올라갑니다. 어떤 롤러코스터는 철커덕, 철커덕하는 소리를 내며 끌어올려지듯 서서히 올라가고, 어떤 롤러코스터는 로켓을 발사한 것처럼 레일 위를 날아가듯 빠르게 올라갑니다. 천천히 올라가든, 빨리 올라가든, 올라갈 때 앞에 펼쳐진 파란 하늘을 보면 곧이어 펼쳐질 스릴 넘치고 신나는 여정에 대한 기대감이 높아지지요. 앞쪽으로 하늘만 보이다가 롤러코스터의 각도가 서서히 낮아지면서 저 멀리 산이나 건물, 혹은 또 다른 놀이기구의 모습이 보이기 시작할 때가 최고점에 도달해 폭발적인 질주를 하기 바로 직전의 순간입니다.

대부분의 롤러코스터는 최고점에 도달할 때까지만 동력을 공급받습니다. 그 이후에는 아무런 동력을 받지 않고 오로지 최고점에서 가지고 있던 에너지를 활용해 질주합니다. 여기에 숨겨진 물리 법칙이 바로 물리학의 가장 중요한 법칙 중 하나인 에너지 보존 법칙입니다.

에너지 보존 법칙

　물리학에서 에너지라는 것은 일을 할 수 있는 능력입니다. 여기서 일은 우리가 인식하는 일과 거의 일치하는 개념이지만, 물리적으로는 다음과 같이 정의되는 양입니다.

　어떤 물체에 힘(F)이 작용해서 그 방향으로 물체가 일정 거리(s)를 이동했다면, 힘이 한 일(W)은 작용한 힘과 이동 거리를 곱한 양으로 정의됩니다. 즉 $W=Fs$가 됩니다.◆ 그림 2(a) 만약 작용한 힘의 방향과 이동 방향이 다르다면 이동 거리(s)에 작용한 힘(F)을 곱하는 것이 아니라 이동 방향으로의 힘의 성분($F\cos\theta$)을 곱하는 것입니다.◆ 그림 2(b) 극단적인 경우로 일정한 속력으로 원운동을 하는 물체를 생각할 수 있습니다. 일정한 속력으로 원운동을 하는

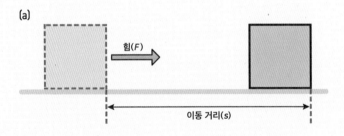

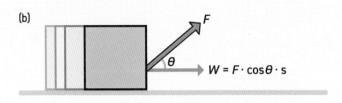

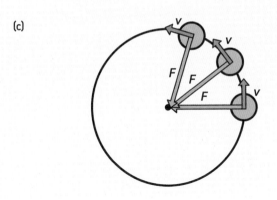

그림 2 ◆ 일(W)의 정의

(a) 어떤 물체에 힘이 작용하여 같은 방향으로 s만큼 이동했다면, 이 힘이 한 일은 $W=Fs$가 됩니다.

(b) 작용한 힘의 방향과 이동한 방향이 각도 θ만큼 다르면, 이 힘이 한 일은 $W=Fs\cos\theta$가 됩니다.

(c) 등속 원운동을 할 때 물체에 작용하는 힘과 움직이는 방향은 항상 수직($\theta=90°$, $\cos90°=0$)이라 구심력이 한 일은 $W=0$이 됩니다.

물체에 작용하는 힘은 항상 원의 중심을 향하고 크기는 일정합니다. 이런 힘을 **구심력**이라고 합니다. 구심력의 방향과 움직이는 방향은 항상 수직이기 때문에 일정한 속력으로 원운동 하는 경우 구심력이 한 일은 0이 됩니다.◆ 그림 2(c)

♠ 원운동과 공전

원운동에 대해서 조금 더 살펴볼까요. 중력이나 공기 저항과 같이 정량적인 분석을 복잡하게 만드는 조건을 제거하기 위해 중력이 작용하지 않고 공기도 없는 우주 공간에 있다고 가정해 봅니다. **그림 3**처럼 우주 공간에서 돌멩이를 줄에 매달아 빙빙 돌리면, 돌아가는 돌멩이의 움직임을 원운동이라고 할 수 있습니다.

그런데 돌멩이를 빙빙 돌리다 줄을 놓으면 어떻게 될까요? 줄을 놓기 바로 직전에 움직이려고 했던 방향으로 똑바로 날아갈 것입니다. 우주 공간이니 우리 손을 떠난 돌멩이에는 아무런 힘이 작용하지 않아 관성의 법칙을 따라 일정한 속력으로, 직선으로 영원히 멈추지 않고 날아갈 것입니다. 그렇다면 돌멩이가 줄에 매달려 있을 때 줄이 한 역할이 뭘까요? 돌멩이는 줄이 없으

그림 3 ◆ **돌멩이의 원운동**

우주 공간에서 줄에 매달려 빙빙 돌던 돌멩이는 줄을 놓으면 그 순간 날아가던 방향으로 똑바로, 일정한 속력으로 날아갑니다.

면 똑바로 날아갈 겁니다. 하지만 줄에 묶여 있기 때문에 손이 있는 중심으로 잡아당겨져 똑바로 날아가지 못하고, 방향을 계속 바꿔 원을 따라 돌게 됩니다.

이러한 원운동은 우리 주변에서 자주 볼 수 있습니다. 달은 매일 지구 주위를 거의 원 궤도를 따라 돌고 있습니다. 또 아주 많은 인공위성이 서로 다른 고도에서 서로 다른 속력으로 지구 주위를 거의 원 궤도로 돌아가고 있습니다. 우리 지구나 태양계 다른 행성도 태양 주위를 원 궤도를 따라 돌고 있지요.^{◆ 그림 4} 이렇

그림 4 ◆ 행성의 공전

태양 주위를 공전하는 행성들은 거의 원운동에 가까운 타원 궤도를 따라 돌고 있습니다.

게 어떤 물체를 중심으로 돌아가는 현상을 공전이라고 합니다. 참고로 팽이가 빙빙 돌아가듯 자신의 회전축을 중심으로 돌아가는 현상을 자전이라고 합니다.

행성의 공전 궤도는 좀 더 정확히 말하자면 원이 아니라 타원입니다. 혜성과 같이 태양 주위를 극단적으로 길쭉한 타원 궤도를 그리며 도는 천체도 있지만, 지구를 포함한 행성 대부분은 거의 원에 가까운 타원 공전 궤도를 따라 태양 주위를 돌고 있습니다. 따라서 행성의 공전 운동은 원 궤도라고 기술할 수 있어요.

지구 주위를 공전하는 인공위성은 어떨까요? 인공위성은 서로 다른 높이에서, 서로 다른 공전 속도로 지구 주위를 돌고 있습니다. 인공위성도 지구 주위를 공전하는 달이나 태양 주위를 도는 행성처럼 지구 주위를 거의 원에 가까운 타원 궤도로 공전합니다. 인공위성이 지구로 떨어지거나 지구 밖으로 날아가지 않고 지구 주위를 돌려면 인공위성이 공전하는 높이에 따라 정해진 속력으로 앞으로 나아가야 합니다.

2022년 6월 21일 이전에는 1톤 이상의 인공위성을 지구 궤도로 올려 보낼 로켓 기술이 있는 나라가 6개국밖에 없었습니다. 그런데 2022년 6월 21일, 드디어 우리나라도 우리 기술로 만든 누리호를, 2차 시도 만에 궤도에 올리는 데 성공했습니다. 2021년

그림 5 ◆ 누리호 1차 발사 모습

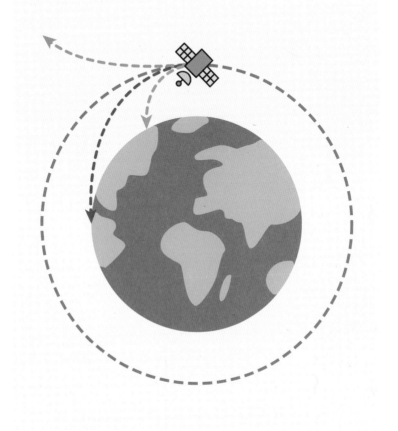

그림 6 ◆ 지구 주위를 인공위성이 원운동 하는 상황

빨간색, 파란색 점선 수평 방향의 속력이 충분하지 않아 중력에 의해 지표면으로 떨어지는 궤도입니다. 속력의 차이에 따라 날아가 떨어지는 거리가 달라집니다.

초록색 점선 빨간색의 경우보다 속력이 점점 커져 적정 속력에 도달해 지표면으로 떨어지지 않고 계속해서 원운동을 하는 궤도입니다.

보라색 점선 초록색의 경우보다 속력이 더 커져 지구 밖으로 탈출해 날아가는 궤도입니다.

10월 1차 시도 당시에는 발사에 성공했지만, 마지막에 작은 차이로 인공위성에 충분한 속력을 제공하지 못했습니다. 이 때문에 누리호는 궤도에 올라가지 못하고 실패했던 겁니다.

이렇게 인공위성이 자기 공전 궤도에 맞는 속력을 가지지 못하면 **그림 6**의 빨간색이나 파란색 점선처럼 지구 주위를 공전하지 못하고 떨어집니다. 반대로 공전 궤도에 맞는 속력보다 더 큰 속력을 가진다면 더 높은 궤도로 가서 공전하거나 보라색 점선처럼 지구 중력을 이겨 내고 지구를 벗어나 우주 공간으로 날아가 버릴 수도 있습니다.

⚡ 고립계와 에너지 보존 법칙

다시 에너지 보존 법칙으로 돌아가 보겠습니다. 에너지는 일을 할 수 있는 능력을 나타낸다고 했습니다. 에너지는 다음과 같은 보존 법칙을 따라야 합니다.

에너지 보존 법칙

외부와 아무런 접촉을 하지 않는 고립계 내 에너지의 총합은 항상 일정합니다.

여기서 고립계는 보는 관점에 따라 달라질 수 있습니다. 우리를 둘러싸고 있는 계 중에서 가장 큰 고립계는 우리 우주 전체입니다. 우리 우주는 138억 년 전 빅뱅이라는 거대한 폭발을 하면서 시작됐다는 이야기를 들어 봤을 것입니다. 이 거대한 폭발이 일어나기 직전에 우주는 모든 것이 하나의 점에 응축된, 밀도가 무한대인 상태였습니다. 이 한 점이 현재의 거대한 우주 전체가 된 것입니다.

고립계인 우주 전체에 에너지 보존 법칙을 적용해 보면, 다음과 같은 결론을 내릴 수 있을 것입니다. 우주에 들어 있는 총에너지는 빅뱅의 순간에 존재했던 에너지의 총량과 같고, 오로지 에너지 형태(종류)만 바뀝니다. 전체 우주보다 작은 규모의 완벽한 고립계를 실제로 만들기는 쉽지 않습니다. 우리가 관심을 두고 바라보는 계는 보통 물체에 해당하는데, 물체가 움직이면 (우리 관심 밖에 있는) 공기의 저항을 받거나 움직이면서 표면과 마찰이 일어나 실제로 측정하기 어려운 열이나 소리 에너지로 변형되어 빠져나가기 때문입니다.

예를 들어 책상 위의 지우개를 툭 쳐서 밀었다면, 지우개는 움직이거나 구르다가 멈춥니다. 우리가 보는 계를 지우개로 한정한다면, 지우개는 고립계가 아니죠. 툭 치는 것은 외부에서 에너지를 공급한 것이고, 이 에너지는 지우개의 운동 에너지로 바뀌어 움직입니다. 하지만 이미 알고 있듯이 지우개는 곧 멈추겠죠. 이것은 지우개가 운동 에너지를 잃었다는 뜻입니다. 지우개 입장에서는 에너지가 보존되지 않았습니다.

하지만 지우개를 친 손가락과 책상 그리고 주위 공기까지 포함해 하나의 계로 생각해 보면 어떨까요. 일단 손에서 나온 에너지는 지우개의 운동 에너지로 바뀝니다. 지우개가 책상 위에서 미끄러지거나 구르면서 마찰로 열이 발생하겠죠. 그러면서 지우개와 책상, 주변 공기의 온도를 살짝 높이고, 책상을 굴러가며 발생한 소리로도 에너지가 빠져나갑니다. 이런 에너지까지 모두 고려하면 이 계의 에너지는 보존된다고 말할 수 있습니다.

✦ 다양한 형태의 에너지

우리는 다양한 곳에서 에너지를 얻고 있습니다. 태양에서 오는 태양 에너지, 석유와 같은 화석 연료에 들어 있는 화학 에너지, 원자력 발전소에서 생산하는 원자력 에너지, 물이 떨어지는 힘을 이용하는 수력 에너지, 바람을 이용하는 풍력 에너지 등 다양한 형태의 에너지가 있고, 이들 에너

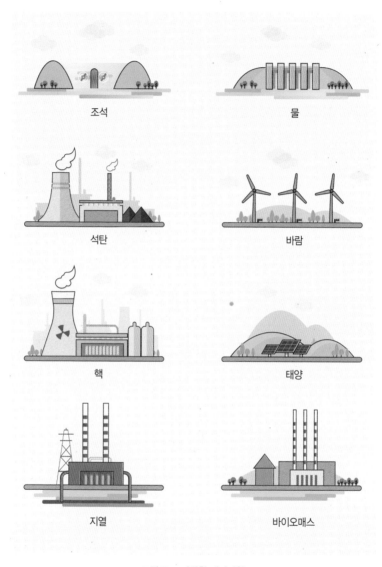

조석

물

석탄

바람

핵

태양

지열

바이오매스

그림 7 ◆ 다양한 에너지원

지를 우리가 필요로 하는 다른 형태의 에너지로 바꿔 사용하는 것입니다. 에너지 보존 법칙이 알려 주는 것은 어떤 형태의 고립계를 생각하든 고립계를 구성하면 그 고립계 내에서는 에너지가 새롭게 만들어지거나 사라져 줄어들지 않는다는 것입니다. 태양력, 화력, 수력, 원자력, 풍력 등등 여러 방법을 이용해 얻는 에너지의 대부분은 결국 우리가 손쉽게 활용할 수 있는 전기 에너지로 바뀝니다.

이런 것들은 모두 발전을 하는 에너지원에 해당합니다. 발전을 하려면 이러한 에너지원을 이용하여 발전기를 돌려야 합니다. 에너지원은 발전기를 돌리는 것과 같은 일을 할 수 있는 '잠재력(potential, 퍼텐셜)'이 있다는 것을 의미하고, 따라서 이러한 에너지원을 모두 퍼텐셜 에너지라고 할 수 있습니다. 발전기가 돌아가는 것은 발전기가 운동하는 것이고, 운동하는 물체는 운동 에너지를 가지게 됩니다. 바로 퍼텐셜 에너지가 운동 에너지로 형태를 바꾼 것입니다.

수력의 예를 들어 볼까요? 높은 곳에 있는 댐에 저장된 물은 수문이 열리면 지구 중력에 의해 아래로 떨어지면서 운동할 수 있는 잠재력을 가지고 있습니다. 즉 퍼텐셜 에너지를 가지고 있습니다. 만약 댐을 더 높이 지어 물을 저장했다가 수문을 열어 떨어뜨린다면, 낮은 높이의 댐에서 떨어뜨릴 때보다 더 큰 운동 에너지를 가지게 될 것입니다. 이렇게 물이 떨어지는 높이(위치)에 따라 운동 에너지가 달라지기 때문에 중력을 이용하는 퍼텐셜 에너지를 위치 에너지라고도 합니다.

롤러코스터의 물리학

이제 놀이동산의 롤러코스터로 돌아가 보겠습니다. 높은 댐에 저장된 물은 수문을 열면 지구 중력에 의해 아래로(정확히는 지구 중심을 향해) 힘을 받아 그 방향으로 가속도 운동을 하여 점점 빨리 떨어집니다. 이와 마찬가지로 최고점에 도달한 롤러코스터는 레일을 따라 아래로 가속하며 내려갈 것입니다. 즉 최고점에서 순간적으로 정지한 롤러코스터가 가지고 있던 퍼텐셜(위치) 에너지가 아래로 내려가면서 운동 에너지로 바뀌는 것입니다. 가장 빠른 속력으로 아래에 도달한 롤러코스터가 다시 레일을 따라 위로 올라가면 속도가 줄어듭니다. 즉 아래에 도달했을 때 가지고 있던 운동 에너지가 올라가면서 점점 퍼텐셜 에너지로 바뀝

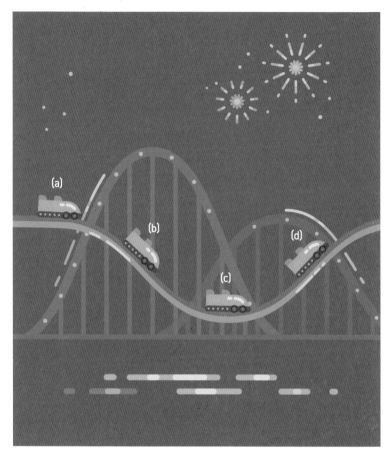

그림 8 ◆ 롤러코스터를 타고 내려올 때 나타나는 에너지가 변하는 과정

(a) **처음 위치** 위치 에너지는 최대, 운동 에너지는 0. 역학적 에너지는 위치 에너지와 같은 값.

(b) **내려갈 때** 위치 에너지가 운동 에너지로 전환. 공기 저항을 무시하며 역학적 에너지는 처음 위치에서의 역학적 에너지와 같은 값을 갖습니다.

(c) **가장 낮은 위치** 운동 에너지는 최대, 위치 에너지는 0. 역학적 에너지는 운동 에너지와 같은 값.

(d) **올라갈 때** 운동 에너지가 위치 에너지로 전환. 공기 저항을 무시하면 역학적 에너지는 일정한 값을 갖습니다.

니다. 그러다 다시 레일을 따라 내려오면, 퍼텐셜 에너지가 다시 운동 에너지로 바뀌게 됩니다.

만약 롤러코스터와 레일 사이의 마찰과 공기 저항을 모두 무시하면 롤러코스터를 하나의 고립계로 생각할 수 있고, 롤러코스터가 오르락내리락하면서 운동 에너지와 퍼텐셜 에너지는 서로 왔다 갔다 할 수 있습니다. 하지만 에너지 보존 법칙으로 두 에너지의 합인 역학적 에너지, 즉 총에너지는 변하지 않고 일정할 것입니다.◆그림 8

실제 놀이동산의 롤러코스터가 달릴 때, 레일과의 마찰이나 공기 저항을 무시할 수 없습니다. 따라서 롤러코스터만 고려하는 경우, 더는 고립계가 될 수 없습니다. 마찰이나 공기 저항으로 발생하는 열에너지나 소리 에너지만큼 역학적 에너지는 줄어들게 되죠.

물론 앞에서 언급한 지우개처럼, 발생한 열에너지와 소리 에너지도 모두 총에너지에 포함하도록 롤러코스터에 레일과 주변 공기를 다 포함하는 계를 잡으면 고립계라고 간주할 수 있습니다. 롤러코스터의 경로를 설계할 때 최고점에 도달해 순간적으로 멈춘 롤러코스터가 가지는 퍼텐셜 에너지가 롤러코스터가 가질 수 있는 총에너지라는 것을 항상 염두에 두어야 합니다.

그뿐만 아니라 롤러코스터가 레일 위를 달리며 마찰과 공기 저항으로 열에너지와 소리 에너지가 발생하면서 에너지를 잃게 되는 것도 고려해야 합니다. 롤러코스터가 레일 위를 달리는 동안 총에너지는 증가할 수 없고, 오히려 열에너지나 소리 에너지로 빠져나가면 줄어듭니다. 따라서 달리면서 다시 올라갈 수 있는 높이는 처음에 출발한 최고점보다는 낮을 수밖에 없고, 끝으로 갈수록 점점 낮아지도록 설계해 최종 목적지까지 안전하게 운행할 수 있어야 합니다. 특히 360도 회전하는 경로의 경우 원형 경로의 최고점에서 충분한 운동 에너지를 가지도록 설계해야만 레일에서 이탈하지 않고 안전하게 운행할 수 있습니다.

앞으로 놀이동산에 가서 롤러코스터를 집중해서 느껴 보세요. 위로 올라갈 때 속력이 느려지는 걸 느끼면 '운동 에너지가 퍼텐셜(위치) 에너지로 바뀌고 있구나'라고 생각하고, 반대로 내려올 때 속력이 빨라지는 걸 느끼면 '퍼텐셜 에너지가 운동 에너지로 바뀌고 있구나'라고 생각하며 에너지 보존 법칙을 떠올려 보기 바랍니다. 물론 롤러코스터를 타고 달릴 때, 레일 위에서 발생하는 시끄러운 소리를 듣거나, 얼굴을 때리는 바람을 느끼면서 마찰과 공기 저항으로 열과 소리로 빠져나가는 에너지 손실이 발생하는 것도 같이 생각해 보면 좋겠습니다.

요리하면서 떠올린 물리학

　요즘 TV 채널을 돌리다 보면 요리와 관련된 프로그램을 많이 방영합니다. 인터넷에서 볼 수 있는 영상도 요리나 '먹방'과 관련된 내용이 매우 많지요. 맛있고 보기에도 좋은 음식을 만들어 먹는 데 관심이 많다는 증거입니다. 그런 음식을 더 편리하게 만들 수 있다면 얼마나 좋을까요?

불을 이용해서 요리하기

요리는 인류가 불을 사용하면서 시작됐습니다. 불을 피우는 것은 화학적으로 **연소**가 일어나는 것인데, 연소란 물질이 산소와 결합하는 산화 반응이 급격하게 일어나 다량의 열과 빛을 발하는 현상입니다. 그전에는 아마도 산불이 나서 타 죽은 동물의 고기를 먹어 보고 날것보다 더 부드럽고 맛있다는 것을 알게 됐을 것입니다.

인류가 불을 처음 사용한 것은 호모 에렉투스가 살았던 142만 년 전으로 거슬러 올라갑니다. 이때부터 인류는 불을 사용할 수 있게 됐고, 음식을 불에 가열해 먹으면서 다양한 요리를 했을 것으로 짐작합니다. 직접 불에 굽는 방식을 시작으로, 가열한 돌 위

그림 1 ◆ 인류는 불을 사용하면서 요리도 할 수 있게 됐습니다.

에 올려 익히는 간접 방식을 생각했을 것이고, 용기에 물을 담아 물을 끓여 익혀 먹는 방식도 알게 됐을 겁니다.

♠ 나무는 어떻게 자랄까

불을 처음 사용한 이후 인류는 꽤 최근까지도 나무를 잘라 장작을 만들거나 마른 나뭇가지를 주워서 불을 피웠습니다. 아직도 장작을 연료로 불을 피워 요리나 난방을 하는 곳이 전 세계에 많이 있습니다. 그러면 나무는 왜 불에 잘 탈까요?

나무가 어떻게 자라는지 먼저 생각해 보겠습니다. 나무 대부분은 보통 동물보다 훨씬 크기가 큽니다. 어떤 종류의 나무는 밑동 둘레가 수십 미터에 이르기도 하고, 길이가 100m가 넘을 정도로 높이 자라기도 합니다. 인간을 비롯해 동물들은 먹은 음식을 통해 신체가 성장하고 영양분을 흡수하여 활동하는 에너지를 얻습니다. 그렇다면 음식을 먹지 않는 나무는 어디서 자신을 구성하는 물질을 얻고 거대하게 자라 엄청난 부피와 질량을 가지는 것일까요?

독자 여러분은 대부분 땅(흙)에서 양분과 수분을 얻어 나무가

그림 2 ◆ 얀 밥티스타 판 헬몬트(Jan Baptista van Helmont, 1579~1644)

자란다고 생각할 겁니다. 만약 이게 사실이라면, 즉 땅에서 얻은 물질로만 나무가 거대하게 자란다면, 나무가 뿌리를 박고 있는 땅은 움푹 파여야 하지 않을까요? 더 나아가 거대한 나무들이 빽빽하게 모여 숲을 이룰 정도가 된다면, 산이 다 사라지고 평평해져야 하지 않을까요? 하지만 숲이 울창한 산은 아래로 주저앉지 않고 여전히 높게 솟아 있습니다. 어떻게 된 걸까요?

나무는 대체 어디서 그 많은 양의 물질을 얻어 거대하게 성장하는 것일까요? 이 질문에 답하려고 실제로 실험을 수행한 과학자가 있었습니다. 17세기 초, 벨기에 과학자 판 헬몬트는 약 91kg의 흙에 작은 버드나무를 심고, 물만 주면서 5년 동안 키웠습니다. 당연히 이 기간에 판 헬몬트는 외부로 흙이 빠져나가거나 추가로 들어가지 않도록 잘 관리했습니다. 5년 후 버드나무는 처음 심었을 때보다 훨씬 크고 무거워져 질량이 약 77kg 정도에 이르렀습니다. 하지만 처음 준비했던 흙의 질량은 91kg에서 거의 변하지 않았습니다. 이 실험을 통해서 판 헬몬트는 나무를 구성하는 물질은 물에서 왔다고 결론을 내립니다. 나무를 구성하는 물질이 물이 아니라는 것은 자명하므로, 판 헬몬트는 틀린 결론을 내린 겁니다. 하지만 그의 실험은 나무를 구성하는 물질이 흙에서 온 게 아니라는 것을 밝힌 중요한 실험이었습니다.

그렇다면 나무를 구성하는 물질은 어디서 오는 것일까요? 바로 공기입니다. 공기 중에서도 대부분 이산화탄소에서 오는 것입니다. 수분을 공급받고 태양 빛을 받은 나뭇잎은 광합성을 통해 이산화탄소로부터 산소를 떼어 공기 중으로 내보내죠. 그리고 탄소를 취하여 나무를 구성하는 물질을 만듭니다. 과학으로 밝혀내지 못했다면 아무것도 없는 곳에서 나무를 구성하는 물질이 만들어지는 마법과 같은 일이 벌어지는 것입니다. 현재 기후

위기의 주범 중 하나인 이산화탄소를 줄이기 위해 나무를 많이 심는 것이 왜 필요한지 알 수 있습니다.

⚘ 나무와 연소

이제 다시 나무가 불에 잘 타는 이유를 살펴보겠습니다. 나무가 공기 중의 이산화탄소에서 산소를 떼어 내고 탄소를 흡수하는 과정에는 에너지가 필요합니다. 이때 필요한 에너지는 태양이 공급해 주고, 일부는 탄소의 화학 결합에 들어 있는 화학 에너지로 나무에 저장됩니다. 화학 에너지가 저장된 고대 식물이 오랫동안 땅속에서 압력을 받아 다져진 것이 석탄입니다. 석탄이나 나무가 연소하는 것은 그 안에 들어 있는 탄소가 공기 중에 있는 산소와 격렬하게 결합하는 산화 과정입니다. 이 과정을 통해 에너지가 열과 빛으로 방출됩니다.

그렇다면 산에서 자라는 나무는 공기 중의 산소와 왜 격렬한 반응을 하지 않을까요? 20세기 위대한 물리학자 중 한 명으로 꼽히는 파인만은 다음과 같이 설명했습니다.

"공기 중의 산소는 탄소와 충분히 가까워지면 서로 결합해

그림 3 ◆ 리처드 파인만(Richard Feynman, 1918~1988)

달라붙습니다. 하지만 산소와 탄소가 서로 충분히 가까이 다가가지 못하면 서로 밀어내면서 멀어져 달라붙지 못합니다. 이런 현상은 마치 공을 언덕 아래에서 위로 굴려 언덕 꼭대기에 있는 깊은 구멍에 넣으려는 상황과 비슷합니다. 공을 아주 빠르게 위로 굴려 올리지 않으면 공은 올라가다 꼭대기에 도달하지 못하고, 중간에 멈췄다가 다시 굴러 내려옵니다. 결코 꼭대기 구멍에 들어가지 못합니다. 하지만 충분히 세게 굴려 공이 더 빠르게 올라가 꼭대기에 도달할 수만 있다면, 공은 꼭대기에 있는 깊은 구멍으로 굴러떨어질 것입니다. 산소와 탄소가 서로 가까워질 때 붙을지 말지도 이런 상황이라고 할 수 있습니다. 산소와 탄소가 충분한 에너지를 가지고 있지 못해 서로에게 충분히 가까이 다가가지 못하면, 서로 결합하지 못하고 밀어냅니다. 우리가 일상적으로 보는 나무에 있는 탄소와 공기 중 산소가 따로 존재해 아무 일도 일어나지 않는 상황에 해당합니다. 하지만 충분한 에너지를 가지고 굴려 올린 공이 언덕 꼭대기에 도달해 구멍으로 빨려 들어가는 것처럼, 가열하거나 혹은 다른 방식으로 일부 산소가 충분한 에너지를 가지고 나무에 있는 탄소에 더 빠르게 다가가면 서로 결합합니다. 엄청난 진동을 하며 주위 다른 산소나 탄소에 에너지를 전달해 산소와 탄소의 결합이 연쇄 반응처럼 급속히 일어납니다. 이러한 연쇄 반응과 같은 상황이 바로 나무가 불에 타는 것입니다."

⚡ 평균 운동 에너지와 절대온도

나무를 태워 불을 이용하게 된

이후, 인류는 음식을 요리하여 먹게 됐습니다. 불에 직접 굽거나, 프라이팬과 같은 용기를 이용해 간접적으로 굽기도 하고 물에 넣어 삶거나 증기를 이용하여 찌기도 합니다. 심지어는 기름을 뜨겁게 가열해 튀기기도 합니다. 물의 끓는 온도는 섭씨 100도인 데 비하여 기름의 끓는점(기름은 보통 발연점이라고 하죠)은 기름 종류에 따라 180도~270도 정도로 다양합니다. 이렇게 냄비에 넣은 물이나 기름을 가열하면 왜 온도가 높아질까요? 온도는 측정하는 공간이나 물체를 구성하는 원자나 분자가 얼마나 빠르게 진동하고 움직이느냐로 결정되기 때문입니다.

우리가 일기예보에서 주로 접하는 기온부터 생각해 볼까요? 기온은 말 그대로 대기의 온도입니다. 대기란 우리 주변의 공기를 의미합니다. **그림 4**에 나타낸 대로 공기는 질소 약 78%, 산소 약 21%로, 이 두 분자가 대부분을 차지합니다. 그 외 아르곤 가스(0.93%), 이산화탄소(0.03%), 기타 가스(0.04%)를 소량 포함하고 있습니다.

만약 한여름에 기온이 섭씨 35도라고 한다면, 공기를 구성하고 있는 기체 분자들이 그 온도에 해당하는 운동 에너지를 가지고 진동하거나 움직이고 있는 것입니다. 좀 더 정확하게 얘기하면 기체 분자의 평균 운동 에너지와 절대온도(T)라는 물리량은

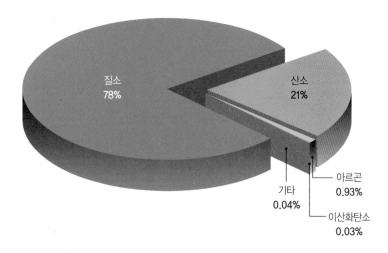

그림 4 ◆ 공기의 구성 비율

서로 비례합니다. 즉 기체 분자의 평균 운동 에너지가 커지면 온도가 올라가고, 평균 운동 에너지가 작아지면 온도가 내려갑니다. 절대온도 T는 우리가 흔히 사용하는 섭씨온도와 온도 간격은 같지만, 0의 기준이 다른 온도 체계를 나타냅니다. 즉 절대온도 T는 섭씨온도를 C라 하면 $T = C + 273.15$의 관계를 갖습니다. 섭씨로 영하 273.15도($C = -273.15$)는 $T = 0$에 해당하고, 이를 절대영도라고 합니다.

절대 영도에서는 기체 분자의 평균 운동 에너지가 0이 되어 모든 것이 움직이지 못하고 고정된 상태입니다. 운동 에너지값은 항상 양수로 주어지기 때문에 평균값이 0이 되려면 분자 하나하나의 운동 에너지가 모두 0입니다. 물론 이것은 온도가 내려가면서 기체가 액체나 고체로 변하지 않고 기체 상태를 유지하는 상황을 고려해 정해진 온도입니다. 하지만 실제로 온도가 내려가면서 액체나 고체로 바뀌더라도 절대 영도까지 온도를 내리는 것은 불가능합니다. 비슷하게 액체나 고체의 온도도 고체나 액체를 구성하는 원자나 분자가 진동하거나 움직이는 평균 운동 에너지로 결정됩니다.

열이 전달되는 방식

가스레인지 불 위에 놓인 냄비 속 물은 어떻게 끓게 될까요? 가스레인지로 공급된 천연가스에 스파크를 일으켜 연소하면서 불이 발생합니다. 이렇게 발생한 가스 불에서 가스레인지에 올려놓은 냄비에 열이 전달됩니다.

온도가 높은 곳에서 열이 전달되는 방식은 전도, 대류, 복사 세 가지로 구분할 수 있습니다.

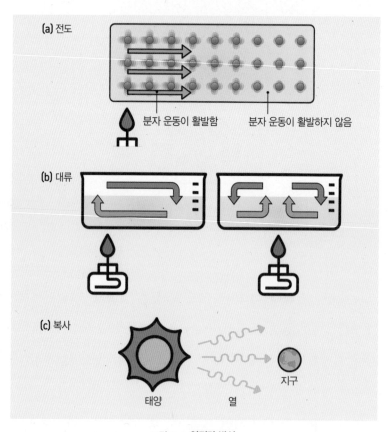

그림 5 ◆ 열전달 방식

(a) **전도** 주로 고체 내에서 일어나는 열전달 방식. 원자들은 움직이지 않고 진동하면서 주위에 있는 다른 원자로 열에너지를 전달합니다.

(b) **대류** 주로 액체나 기체에서 일어나는 열전달 방식. 온도가 높아진 곳의 분자들은 더 큰 운동 에너지를 가지고 있어서 활발히 움직이므로 그곳의 부피가 커집니다. 이에 밀도가 작아지므로 위로 이동하게 되고, 분자가 열에너지와 함께 이동합니다.

(c) **복사** 특정 온도에 있는 물질이 열에너지를 전달하는 원자나 분자 없이 전자기파(빛) 형태로 에너지를 전달하는 방식. 예를 들어 태양에서 나오는 빛이 진공 상태의 우주 공간을 지나 지구에 에너지를 전달합니다.

⚡ 전도

　　　　　　　　냄비를 구성하고 있는 원자 중 가스 불로부터 직접 열에너지를 받은 원자는 진동을 활발히 하면서 비교적 천천히 진동하는 주위의 원자에 열에너지를 전달해 더 빠르게 진동하도록 합니다. 고체 중에서도 전자가 자유롭게 움직여 전기를 잘 흘리는 도체인 물질에서는 원자들의 진동뿐만 아니라 뜨거운 곳에 있던 전자가 직접 차가운 곳으로 움직여 열을 전달합니다. 이런 식으로 원자 자신은 다른 곳으로 이동하지 않고 열을 전달하는 과정을 전도라고 합니다.

　전도는 원자가 거의 움직이지 않고 자기 자리에서 주로 진동만 하는 고체에서 일어나는 열전달 방식입니다.◆그림 5(a) 고체라고 해서 모두 열전도가 잘 일어나는 것은 아닙니다. 나무나 고무 스티로폼 같은 물질은 열전도도가 낮은 물질입니다.

⚡ 대류

　　　　　　　　냄비(고체)를 구성하는 원자들이 자기 자리에서 활발히 진동하면 냄비와 바로 붙어 있는 물 분자에도 열에너지를 전달하게 됩니다. 이와 달리 물 분자는 더 활발히 움직이면서 근처에 있는 분자와 분자 사이의 평균 거리가 멀어져 부피가 커지고, 이에 따라 밀도도 낮아집니다. 밀도가 낮아 뜨거워진 부분은 상대적으로 가벼워져 물 분자들이 위로 이동하고, 위쪽에서 데워지지 않아 차가운 부분은 상대적으로 무거워 물 분자들이 아래로 이동합니다. 이렇게 분자들이 직접 이동하면서 열을 전달하는 과정을 대류라고 합니다.

대류는 분자들이 비교적 자유롭게 움직일 수 있는 액체나 기체에서 일어나는 열전달 방식입니다.◆그림 5(b)

⸙ 복사

지구가 가지고 있는 에너지는 사실 모두 태양으로부터 온 것입니다. 태양은 수소 원자핵 두 개가 결합하여 헬륨 원자핵이 만들어지는 핵융합 과정을 통해 엄청난 에너지를 계속해서 만듭니다. 이렇게 만들어진 에너지는 빛의 파동인 전자기파의 형태로 1천문단위(AU)(=약 1,500억km) 떨어진 지구까지, 아무것도 없는 우주 공간을 약 8.3분간 날아와 에너지를 공급해 줍니다.

전자기파는 아무것도 없는 공간에서 진행하는 빛의 파동입니

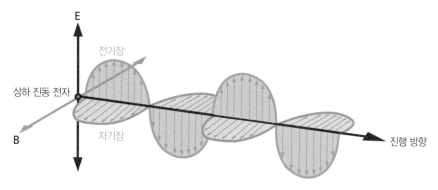

그림 6 ◆ 빛의 파동인 전자기파가 진동하는 모습

전자기파는 전기장(E)과 자기장(B)이 서로 수직으로, 동시에 빛의 진행 방향에도 수직으로 진동하는 파동입니다.

다. **그림 6**에서처럼 빛의 진행 방향에 수직으로 진동하면서, 동시에 서로에게 수직으로 진동하는 전기장과 자기장으로 이루어진 파동입니다. 이렇게 아무것도 없는, 즉 진동하는 원자나 분자들이 하나도 없이 스스로 진동하는 전자기파의 형태로 에너지를 전달하는 방식을 **복사**라고 합니다.◆ 그림 5(c)

절대 영도 이상의 온도를 가지고 있는 모든 물질은 복사 방식으로 열을 방출합니다. 이를 흑체 복사라고 합니다. 36.5도의 체온을 가지고 있는 우리도 복사를 합니다. 체온에 해당하는 전자기파(빛)인 적외선 형태로 열을 방출하죠. 빛이 없는 깜깜한 곳에서도 적외선 카메라를 사용하면 사람 몸에서 나오는 적외선 복사를 보고 누가 있는지 알 수 있습니다. 또 요즘 많은 곳에서 비접촉식 체온계를 사용하는데요, 비접촉식 체온계도 우리 몸에서 나오는 적외선 복사를 받아 체온을 측정하는 겁니다. 아주 작은 체온 차이에도 방출되는 적외선의 분포가 미묘하게 달라져 이를 구별해 체온을 측정합니다.

물질의 상태 변화

이제 냄비에서 가열되고 있는 물에 대해서 생각해 보겠습니다. 가스레인지로 냄비를 가열하면 대류로 냄비 안 물의 온도가 올라갑니다. 가열할수록 물 분자의 운동 에너지가 점점 커집니다. 그러다 섭씨 100도에 가까워지면 기포가 생기고, 100도가 되면 끓으면서 기체인 수증기로 바뀝니다. 한편 냉동실에 물을 넣으면 온도가 내려가 물 분자의 운동 에너지가 작아집니다. 섭씨 0도에 도달하면 점차 얼음으로 바뀌고, 모두 고체인 얼음으로 바뀐 후 온도는 0도 아래로 더 내려갑니다.

이렇게 어떤 물질이 고체, 액체, 기체의 다른 형태를 가지는 것을 상이 바뀐다고 합니다.

♦ 물질의 상태도

물은 온도가 올라가면서 고체인 상에서 액체인 상으로 그리고 기체인 상으로 형태를 바꿉니다. 물질의 상은 온도 변화에 따라서만 바뀌는 게 아닙니다. 물질에 작용하는 압력도 온도와 마찬가지로 중요한 역할을 합니다. 물질의 상이 온도와 압력에 따라 어떻게 달라지는지 나타낸 그래프를 **상태도**라고 합니다.

그림 7(a), (b)는 각각 물과 이산화탄소의 상태도를 나타낸 것입니다. 수평축이 온도를 나타내고, 수직축이 압력을 나타내죠. 온도축에 표시된 온도의 숫자와 압력축에 나타낸 압력의 숫자는 일정한 간격으로 변하는 것이 아니므로 주의해야 합니다.

그림 7(a)에서 물의 상태도를 조금 더 자세히 살펴보겠습니다. 공기가 만드는 압력인 대기압은 해발 고도에 따라 달라질 수 있지만, 우리가 사는 곳 대부분이 1기압입니다. 따라서 일상에서 일어나는 상태 변화는 보통 1기압에서 온도를 바꾸면서 일어납니다. 1.0기압을 지나는 수평축과 평행한 점선을 볼까요. 왼쪽에서 오른쪽으로 가는 것이 온도를 높이는 것입니다. 점선이 빨간색의 융해 곡선과 만나는 온도가 섭씨 0도입니다. 즉 얼음이 녹아 물이 되는 녹는점 또는 물이 얼음이 되는 어는점에 해당하

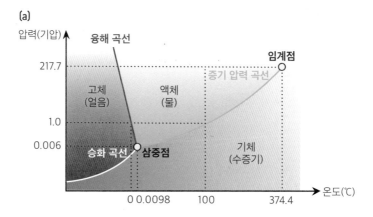

(a)

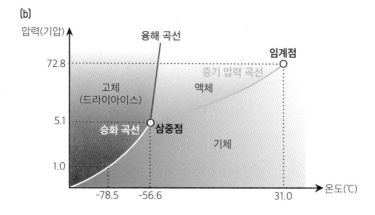

(b)

그림 7 ◆ 물과 이산화탄소의 상태도

(a) 물의 상태도
(b) 이산화탄소의 상태도

는 온도입니다. 융해 곡선은 얼음과 물이 함께 존재하는 온도와 압력 조건을 나타내는 선입니다. 1.0기압을 지나는 수평 점선을 따라 계속해서 온도를 높여 가면 섭씨 100도에서 초록색의 증기 압력 곡선과 만나는데, 바로 그 점이 끓는점입니다. 물이 수증기로 바뀌는 온도죠. 액체가 끓어 수증기가 된다는 것은 액체에서 증기로 빠져나오려는 압력인 증기압이 외부 압력보다 크다는 것입니다.

만약 액체의 증기압과 외부 대기압이 같으면 끓어 나오는 수증기와 수증기에서 액체인 물로 되돌아가는 양이 같은 동적 평형 상태에 있게 됩니다. 이 액체와 기체의 동적 평형 상태를 나타내는 선이 증기 압력 곡선입니다. 즉 증기 압력 곡선이란 주어진 온도에서 액체의 증기압을 나타내는 곡선입니다. 물의 증기 압력 곡선을 보면, 압력이 낮아지면 끓는점 온도가 낮아지고 압력이 높아지면 끓는점 온도가 높아지는 것을 알 수 있습니다. 높은 산 위에 있는 산장에서 물을 끓이면 더 빨리 끓죠. 그 이유는 높은 산 위는 해발 고도가 높아 대기압이 1기압보다 낮기 때문입니다. **그림 7(a)**의 증기 압력 곡선 위에서 1기압보다 낮은 쪽으로 움직여 보면 끓는점이 섭씨 100도보다 낮아지는 걸 알 수 있습니다. 즉 산 위에서 물의 끓는점 온도가 100도보다 낮으므로 빨리 끓는 것입니다.

그림 7(b)에 주어진 이산화탄소의 상태 변화는 물의 상태 변화와 아주 다릅니다. 1.0기압을 지나는 수평 점선을 따라 오른쪽으로, 즉 온도를 높여 가며 진행해 볼까요. 왼쪽에서 오른쪽으로 가면서 고체 상태의 이산화탄소(드라이아이스)가 섭씨 -78.5도에서 하얀색 승화 곡선을 만나 기체 상태로 상이 바뀝니다. 이렇게 온도가 올라가거나 내려감에 따라 액체상이 만들어지지 않고 고체에서 기체로 혹은 기체에서 고체로 상이 바로 바뀌는 현상을 승화라고 합니다.

냉동 식품을 배송받으면 냉동 상태를 유지하기 위해 드라이아이스가 같이 들어 있습니다. 드라이아이스를 공기 중에 노출하면 하얀 연기가 피어오르며 드라이아이스 덩어리가 줄어드는 것을 본 적이 있죠? 이 연기는 드라이아이스가 섭씨 -78.5도에서 승화하면서 액체 상태를 거치지 않고 바로 기체 이산화탄소로 변한 것입니다. 물의 상태도◆그림 7(a)에서도 0.006기압보다 더 낮은 압력 영역에 하얀색 승화 곡선이 있는 것을 볼 수 있습니다. 이보다 더 낮은 압력에서는 물도 고체인 얼음에서 액체 상태를 거치지 않고 기체인 수증기로 바로 바뀌거나 수증기에서 바로 얼음이 되는 승화 현상이 일어납니다.

그렇다면 1기압에서는 승화만 일어나는 이산화탄소를 액체 상태로 만들려면 어떻게 해야 할까요? 이 질문에 대한 답도 이산화탄소의 상태도◆그림 7(b)를 보면 쉽게 할 수 있습니다. 초록색으로 표시된 액체 상태의 이산화탄소는 압력이 5.1기압 이상인 영역에 존재합니다. 이 압력 이상의 고압을 유지하면서 낮은 온도에서 온도를 올리면 고체 상태인 드라이아이스가 액체 상태를 거쳐서 기체 상태로 상이 바뀝니다.

♟ 삼중점

지금까지 상태도에서 압력을 고정하고 온도를 바꿈에 따라 일어나는 상의 변화를 살펴보았습니다. 이번에는 온도를 고정하고 압력을 바꾸면서 상이 어떻게 변하는지 보겠습니다. 먼저 상태도에 존재하는 승화, 융해, 증기 압력 곡선이 한꺼번에 만나는 삼중점에 대해서 알아볼까요?

삼중점은 고체, 액체, 기체의 세 가지 상이 동시에 존재할 수 있는 온도와 압력을 나타내는 점입니다. 물의 삼중점은 섭씨 0.0098도, 0.006기압에 해당하고, 이산화탄소는 섭씨 −56.6도, 5.1기압에 해당합니다. 즉 물의 삼중점에 도달하려면 0도 근처에서 압력을 매우 낮춰야 하고, 이산화탄소의 경우는 온도를 영하로 많이 낮추면서 동시에 압력은 높여야 가능합니다. 삼중점은 고체, 액체, 기체 세 가지 상태가 동시에 존재하는 온도와 압력 조건이므로, 이 점에서 온도나 압력, 또는 둘 다를 조금만 바꾸더라도 셋 중 하나의 상태로 금방 변하게 됩니다.

이제 삼중점 부근의 온도를 고정하고 압력을 바꾸면 일어나는 상태 변화를 살펴보겠습니다. 이산화탄소의 상태도◆그림 7(b)를 먼저 봅시다. 삼중점에서 압력을 1기압으로 낮추면 이산화탄소는 기체 상태입니다. 여기서 온도를 조금 더 낮춘 후 그 온도를 유지하면서 압력을 높이면, 기체 상태에서 고체 상태로 바뀌는 승화가 일어납니다. 분자들이 서로 멀리 떨어져 있는 기체에 압력을 가해 서로 가까워지면 액체가 만들어지지 않고 바로 응결해 고체 상태가 되는 것입니다. 이 이후에는 압력을 더 올려도 고체 상태를 유지합니다.

물의 상태도◆그림 7(a)를 볼까요? 삼중점보다 압력을 낮추면 물도 기체 상태로 존재합니다. 압력을 충분히 낮췄다면, 온도를 섭씨 0도로 내려도 기체 상태에 있어요. 여기서 이 온도를 유지하면서 압력을 올리겠습니다. 기체에서 고체로 바뀌는 승화가 일어나는 것은 이산화탄소와 같습니다. 하지만 압력을 더 올리면, 이산화탄소의 경우와 달리 빨간색 융해 곡선과 만나 액체로 변합니다. 즉 섭씨 0도에서 압력을 올리면 기체-고체-액체 순으로 바뀌는 것입니다.

삼중점 온도보다 높은 온도를 유지하고 압력을 올리면 어떨까요? 물이나 이산화탄소 모두 분자 사이의 거리가 줄어들어 기체에서 액체로 바뀝니다. 여기에 압력을 더 올려도 물은 고체로 바뀌지 않지만, 이산화탄소는 고체로 바뀔 수 있습니다. 이렇게 물이 이산화탄소를 포함해 다른 물질과 구별된 상변화 특성을 가지는 것은 특이한 융해 곡선으로 인한 것입니다. 보통 물질은 액체에 압력을 가하면 더 압축돼 밀도가 액체보다 큰 고체가 됩니다. 하지만 물은 어느 점 부근에서 액체인 물의 밀도가 고체인 얼음의 밀도보다 더 커서, 고체에 압력을 가하면 액체가 되는 특성이 있습니다.

상태도에는 증기 압력 곡선을 더는 연장할 수 없는 임계점도 존재합니다. 물의 임계점은 온도 374.4도, 압력 217.7기압에 해당하고, 이산화탄소는 31도, 72.8기압에 해당합니다. 이 임계점보다 높은 온도와 압력 범위에서는 액체와 기체 상태를 구별할 수 없고, 기체의 확산성과 액체의 용해성을 모두 가지는 초임계 유체 상태가 됩니다. 특히 이산화탄소의 초임계 유체를 이용해

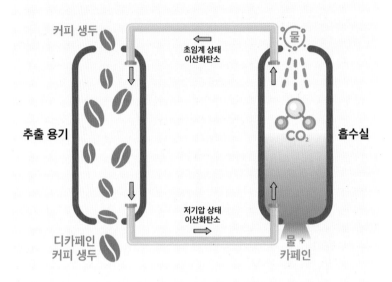

커피 생두

초임계 상태
이산화탄소

물

추출 용기

CO_2

흡수실

저기압 상태
이산화탄소

디카페인
커피 생두

물 +
카페인

그림 8 ◆ 초임계 상태의 이산화탄소를 이용해 카페인을 용해하고 추출해
디카페인 커피를 제조하는 공정

다양한 식품이나 화장품에 필요한 유효 성분을 추출하기도 합니다. 예를 들어 디카페인 커피를 제조하는 공정에서 이산화탄소의 초임계 유체를 이용합니다.◆그림 8 카페인과 같이 분자량이 작고 비극성인 분자는 이산화탄소 초임계 유체에 잘 용해되지만, 커피 향과 관련 있는 극성 분자는 거의 용해되지 않습니다. 따라서 이산화탄소 초임계 유체를 이용해 카페인을 제거하고 커피 향은 그대로 남은 디카페인 커피를 제조합니다.

⚡ 숨은열과 냉장고의 원리

물질의 상태 변화와 관련하여 또 다른 중요한 점은 한 상태에서 다른 상태로 변할 때는 추가로 에너지가 필요하거나 방출한다는 것입니다. 이를 숨은열이라고 합니다.

예를 들어 물이 100도에서 끓어 수증기가 되는 과정에서 온도는 선형적으로 올라가는 것이 아닙니다. 끓는점에서 액체가 분자 사이의 결합을 끊고 기체가 되려면 추가 에너지, 즉 숨은열이 필요하여 여기에 에너지를 사용하는 동안에는 온도가 올라가지 않고 100도를 유지하는 겁니다. 숨은열을 받아 기체로 바뀌면 온도는 다시 올라갑니다. 반대로 온도가 내려가면서 기체에서 액체가 될 때는 숨은열이 다 빠져나가 분자 간 결합이 생겨 액체가 될 때까지 온도가 내려가지 않습니다.

숨은열은 고체와 액체 사이의 상변화, 고체와 기체 사이의 상변화에도 존재합니다. 예를 들어 물이 0도가 돼 얼기 시작하면 온도를 더 내리려고 해도 내려가지 않고, 물이 얼음으로 바뀔 때의 숨은열을 다 뺄 때까지는 0도를 유지하다가 모두 얼음으로 바뀌면 영하로 내려갑니다. 반대로 얼음이 물이 될 때는 숨은열만큼 공급해 줘야 얼음 결정을 이루는 결합을 끊고 물로 바뀝니다. 이렇게 얼음이 물이 되는 과정에서 추가적인 숨은열이 있기 때문에 한여름 무더울 때 충분한 양의 얼음물을 옆에 두면, 얼음이 녹는 과정에서 숨은열만큼 주위에서 열을 흡수해 온도를 낮추거나 덜 올리게 돼 시원하게 느낍니다.

음식을 신선하게 보관하는 냉장고도 액체 상태에서 기체 상태로 바뀔 때 필요한 숨은열을 이용하는 것입니다. 냉장고에는 순환하는 냉매라는 물질이 있습니다. 물이나 이산화탄소의 상태도에서 봤듯이, 액체에서 기체로 상변화를 일으키려면 압력을 유지하고 온도를 높이면 됩니다. 또 다른 방법은 온도를 유지한 채 압력을 낮추는 것입니다. 냉장고에서는 후자를 이용합니다. 모세

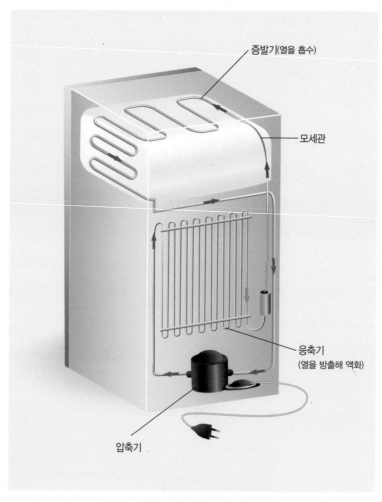

증발기(열을 흡수)

모세관

응축기
(열을 방출해 액화)

압축기

그림 9 ◆ 냉장고 내부에서 흐르는 냉매 순환도

➡ 고온, 고압, 증기 상태
➡ 저온, 고압, 액체 상태
➡ 저온, 저압, 증기 상태
➡ 저온, 저압, 액체 상태

관과 같이 얇은 관을 지나는 액체 상태의 냉매가 가는 노즐을 통해 스프레이처럼 뿌려지면 압력이 급격히 떨어지며 기체로 바뀝니다. 이런 상변화 과정에서 숨은열이 필요한데, 냉장고 내부에서 상변화를 진행함으로써 내부 열을 빼앗아 온도를 떨어뜨리는 것이죠. 이렇게 냉장고 내부에서 열을 빼앗아 기체가 된 냉매는 순환을 계속하다가 냉장고 외부의 방열판에 도달하여 열교환을 통해 열을 내놓고 다시 액체 상태로 바뀝니다. 이 과정 때문에 냉장고 뒤쪽 외부가 뜨거워지는 것입니다. 이렇게 액체 상태가 된 냉매는 다시 순환해 냉장고 내부로 들어가 기체가 되며, 온도를 내리는 과정을 반복합니다. 참고로 에어컨도 비슷한 원리로 동작합니다.

전자기파를 이용해서 요리하기

주방에서 요리할 때 도와주는 조리 장치들이 많이 있습니다. 가스레인지는 천연가스를 연소해 불을 통해 열을 만들어 가열하는 것이고, 오븐이나 하이라이트 레인지는 전기를 이용해 저항체에 전류를 흘려 열을 만들어 가열합니다.

20세기 이후에는 직접 열을 발생해 가열하는 조리 장치뿐만 아니라 열을 발생하지 않고 조리하는 다른 방식의 조리 도구도 개발됐습니다. 백만 년 이상 불이나 열을 이용해 음식을 조리해온 인류는 드디어 불과 열이 없이 음식을 조리하게 된 것이죠. 언 음식을 녹이거나 식은 음식을 데우는 등 간단한 조리에 활용하는 전자레인지, 가스레인지를 대신해 점점 사용이 늘어나고 있는 인덕션 레인지가 대표적입니다. 조리의 새로운 패러다임이라고도 할 수 있을 것입니다.

⚡ 파동과 전자기파

전자레인지와 인덕션 레인지 모두 가스레인지와는 달리 불이 보이지 않고 장치에서 열을 발생하지 않습니다. 그러면 새로운 조리 장치들은 어떻게 음식을 가열해 조리하는 것일까요?

전자레인지는 전자기파 중에서 주파수가 2.45GHz인 마이크로파를 이용하는 조리 기구입니다. 여기서 GHz라는 단위는 기가헤르츠라고 읽습니다. 주파수의 기본 단위로 1초당 진동하는 파동의 횟수를 의미하는 Hz(헤르츠)에 10^9을 뜻하는 접두어 G(Giga, 기가)를 곱한 단위입니다.♦[표1] 즉 전자레인지는 1초에 2.45×10^9번, 즉 24억 5천만 번 진동하는 전자기파를 발생합니다.

전자레인지를 살펴보기 전에 먼저 파동과 전자기파에 대해서 간단히 알아볼까요? 공간에서 진동이 반복하며 진행하는 것을 파동이라고 합니다. 파동이 위아래로 진동할 때 가장 높이 올라간 최고점을 마루, 가장 아래로 내려간 최저점을 골이라고 하고,

접두어	기호	의미	접두어	기호	의미
요타(yotta)	Y	10^{24}	욕토(yocto)	y	10^{-24}
제타(zetta)	Z	10^{21}	젭토(zepto)	z	10^{-21}
엑사(exa)	E	10^{18}	아토(atto)	a	10^{-18}
페타(peta)	P	10^{15}	펨토(femto)	f	10^{-15}
테라(tera)	T	10^{12}	피코(pico)	p	10^{-12}
기가(giga)	G	10^{9}	나노(nano)	n	10^{-9}
메가(maga)	M	10^{6}	마이크로(micro)	μ	10^{-6}
킬로(kilo)	k	10^{3}	밀리(milli)	m	10^{-3}
헥토(hecto)	h	10^{2}	센티(centi)	c	10^{-2}
데카(deca)	da	10^{1}	데시(deci)	d	10^{-1}

표 1 ◆ **십진수의 접두어 종류, 기호, 의미**

기본 단위에 붙여서 사용합니다. 길이의 기본 단위인 미터(meter, m)에 접두어를 붙이면, 1km=10^{3}m=1,000m, 1nm=10^{-9}m로 쓸 수 있습니다.

진동 가운데 부분에서 마루 혹은 골까지를 진폭이라고 합니다. 또한 이웃하는 두 마루 혹은 두 골 사이의 거리를 파장이라고 하며, 이는 파동이 한 번 진동할 때 진행한 거리가 됩니다.◆그림 10

따라서 한 번 진동할 때 진행한 파장(λ)과 1초 동안 진동한 횟수인 주파수(f)를 곱하면 파동이 1초 동안 진행한 거리, 즉 파

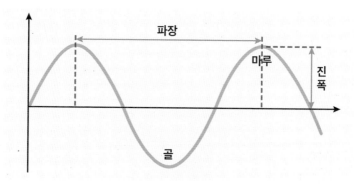

그림 10 ◆ 파동

반복되는 진동이 공간에서 진행하는 것을 파동이라고 합니다. 가장 위로 솟은 최고점을 마루, 가장 아래로 내려간 최저점을 골이라고 합니다. 진동 중간에서 마루(또는 골)까지를 진폭이라고 하며, 마루와 마루 사이(또는 골과 골 사이) 거리를 파장이라고 합니다.

동의 진행 속력($v=f\lambda$)을 얻을 수 있습니다. 여기서 파장을 나타내는 그리스 문자 λ는 '람다'라고 읽습니다. 예를 들어, $\lambda=1m$, $f=10Hz$인 파동은 한 번 진동할 때 1m 진행하고, 1초에 10번 진동하므로 1초에 10m를 진행합니다. 따라서 이 파동의 속력은 $v=f\lambda=10m/s$가 됩니다.

그렇다면 전자레인지에서 사용하는 주파수가 2.45GHz인 전자기파의 파장은 얼마일까요? 전자기파는 빛의 파동이므로 빛의 속력을 알면 이를 주파수로 나눠 파장을 구할 수 있습니다. 진공에서 진행하는 빛의 속력(c)은 절대 변하지 않는 양으로, 과학자들은 c=299,792,458m/s라는 정확한 값을 가지는 것으로 정의했습니다. 이 값을 전자레인지에서 발생하는 전자기파의 주파수 2.45GHz로 나누면 파장은 약 12.2cm가 됩니다. 지금 언급한 빛의 속력 c의 값은 측정한 값이 아니라 정의한 값입니다. 즉 이 값에는 오차가 전혀 없습니다. 따라서 이 정확한 빛의 속력을 기준으로 빛이 진공에서 1/299,792,458초 동안 진행한 거리로 길이 1m를 정의했습니다. 혹시 의아한 생각이 들지도 모르겠습니다. 1/299,792,458초를 알려면 시간 단위 1초를 알아야 하는데? 1초는 어떻게 정의할까요?

☀ 표준 단위 정하기

오래전부터 인류는 시간, 길이, 무게 등의 단위를 표준적으로 정하려는 노력을 지속했습니다. 예를 들어 나는 오후 5시에 출발하는 기차를 타야 합니다. 그런데 만약 내 시계와 기차를 운행하는 사람이 사용하는 시계의 시간이 다르다면 기차를 놓치지 않고 탈 수 있을까요? 즉 각자 사용하는 시간이 일치하지 않으면 많은 문제가 일어납니다. 길이도 마찬가지입니다. 100m 달리기 대회를 하는데, 대회마다 정해 놓은 100m가 다르다면 다른 대회에서 달린 선수들의 기록을 어떻게 비교할 수 있을까요? 산에 터널을 뚫는 공사를 할 때 양쪽에서 산을 뚫고 들어오다가 중간에서 만나는 방식으로 공사를 할 때가 많습니다. 이때 뚫고 들어가는 높이와 방향 등이 정확히 일치하지 않으면 서로 만나지 못할 수도 있습니다. 즉 길이에 대한 정확한 표준이 필요합니다. 무게는 또 어떤가요? 우리가 마트에 가서 사과 2kg을 사려고 하는데, 마트에서 사용하는 저울이 표준 단위 없이 가게마다 제멋대로라면 믿고 살 수 있을까요?

인류 문명이 발달할수록 모두에게 통용되면서 믿고 사용할 수 있는 더 정밀한 표준 단위가 필요하게 됐습니다. 교통이 거의 발달하지 않았던 과거에는 시간대가 다른 지역으로의 이동이 거의 없었기 때문에 같은 지역에서 함께 사용할 수 있는 시간을 정하는 것으로 충분했습니다. 이런 경우에도 시간의 표준을 삼으려면 일정한 주기를 가지면서 변하지 않는 것을 찾아야 했습니다. 예를 들어 동네 한가운데 있는 커다란 나무를 지정해 해가 나무의 가장 위쪽, 즉 중천에 도달해 나무 그림자가 가장 짧아질 때를 정오라고 하고, 이튿날 해가 다시 중천에 도달해 정오가 될 때까지를 적당한 간격으로 나눠 그 간격으로 시간 단위를 정의

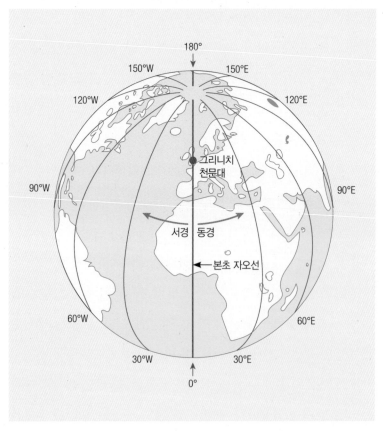

그림 11 ◆ 자오선

자신의 머리 위를 지나 남극과 북극을 지나면서 지구를 한 바퀴 둘러싸는 가상의 선입니다. 태양이 가장 높이 떠 자오선에 위치할 때 그림자가 가장 짧아진 정오가 되고, 지구 반대편 자오선 위에 있을 때는 자정이 됩니다. 전 세계 시간의 동기화를 위하여 영국의 그리니치 천문대를 지니는 자오선을 본초 자오선이라고 하는데요, 전 세계 시간의 표준이 되는 선이며, 경도 0으로 정했습니다. 지구는 1시간에 15도 돌아가기 때문에, 본초 자오선을 기준으로 경도 15도마다 1시간씩 차이가 납니다. 동쪽으로 180도까지를 동경, 서쪽으로 180도까지를 서경이라고 합니다. 지구는 동쪽으로 돌기 때문에 동경 180도는 본초 자오선보다 12시간 빠르고, 서경 180도는 12시간 느립니다. 즉 같은 지역에서 24시간의 차이가 나기 때문에 이 부근을 지나는 날짜 변경선이 있습니다.

했습니다. 이러한 정의는 그 지역에서만 통용되는 시간만으로 충분했습니다.

그런데 산업혁명으로 기차가 등장하면서 사람들은 시간대가 다른, 즉 정오가 일치하지 않는 먼 곳까지 이동할 수 있게 됐습니다. 자연스럽게 시간대가 다른 지역끼리도 시간을 동기화하는 것이 필요했습니다. 이러한 필요로 등장한 것이 세계 표준시입니다. 기차가 처음 등장한 영국에서 자연스럽게 표준 시간을 먼저 정하게 됐고, 이를 세계 표준시를 정하는 데에도 적용했습니다.

영국 런던에 있는 그리니치 천문대를 지나는 자오선을 세계 표준시의 기준으로 삼아 본초 자오선이라고 명명하고, 그리니치와 북극, 남극을 연결하는 자오선의 절반을 경도 0도로 정했습니다.◆그림 11 이를 기준으로 동쪽은 동경, 서쪽은 서경이라고 구분하여 경도라고 부릅니다. 지구가 한 바퀴(360°) 돌면 하루가 지나고, 이를 24시간으로 나눴습니다. 따라서 지구는 동쪽으로 자전하면서 한 시간에 15도씩 돌아가므로, 경도 0도를 기준으로 동쪽으로 갈수록 시간이 빠르고, 서쪽으로 갈수록 느립니다.

예를 들어 본초 자오선이 있는 경도 0도에서 정오라면, 동경 30도는 오후 2시, 서경 45도는 오전 9시입니다. 동경 180도와 서경 180도는 본초 자오선의 정반대 방향에 있어 경도 0도와 12시간 차이가 나서 각각 그날 밤 자정(또는 다음 날 0시)과 그날 오전 0시가 됩니다. 동경 180도와 서경 180도는 동일한 자오선에 해당하지만, 시간 차이는 24시간(하루)이 납니다. 이를 구별하려고 경도 180도 근처를 지나는 날짜 변경선이 정해져 있습니다.

지구가 15도 자전하는 시간으로 정해진 1시간을 60으로 나눠 1분, 1분을 다시 60으로 나눠 1초라고 했습니다. 즉 하루는 $24 \times 60 \times 60 = 86,400$초로 이루어져 있으며, 하루의 1/86,400을 1초로 정의했습니다. 하지만 과학자들은 지구의 자전 속력이 일정하지 않다는 것을 알게 됐습니다. 즉 1초의 표준이 정확하지 않았습니다. 이를 대체하려고 지구 공전을 기준으로 1초를 정의하는 것으로 바꿨습니다. 하지만 지구 공전 속력 또한 일정하지 않았고, 이를 해결하기 위하여 주기가 변하지 않고 일정하게 진동하는 무언가를 찾는 것이 필요했습니다.

과학자들은 여러 가지를 찾아보다가 원자 내에서 전자의 전이로 나오는 전자기파의 주파수가 매우 일정하다는 것을 알게 됐습니다. 이를 통해 원자시계를 만들 수 있었습니다. 결국 세슘(Cs, 원자 번호 55)이라고 부르는 원자에서 나오는 특정한 전자기파 주파수(f)를 $f=9,192,631,770Hz$로 정의하고, 이만큼 진동할 때 걸리는 시간을 1초로 하여 시간의 표준으로 정했습니다.

⚑ 길이 단위의 정의

이제 길이 단위를 정의하던 곳으로 되돌아갈 수 있습니다. 시간 표준과 절대 변하지 않는 빛의 속력으로부터 길이의 단위 1m는 빛이 진공에서 1/299,792,458초 동안 진행한 거리로 정의합니다. 하지만 역사상 가장 위대한 물리학자로 꼽히는 아인슈타인이 진공에서의 빛의 속력은 관성계에 있는 누구에게나 변하지 않고 일정하다는 광속 불변의 원리를 적용하여 상대성 이론을 정립하기 전에도, 즉 진공에서 빛의 속력이 일정하다는 것을 몰랐을 때도 길이의 표준이 필요했습니다.

시간의 표준은 영국이 주도해 정했다면, 길이의 표준은 프랑스가 주도했습니다. 프랑스 파리를 통과하는 자오선 중 적도에

관성계 관성의 법칙이 적용되는 계로, 가속 운동을 하지 않고 정지해 있거나 등속 운동을 하는 계를 의미합니다.

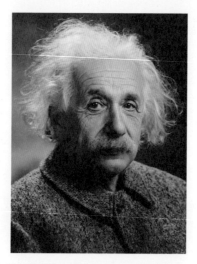

그림 12 ◆ 알베르트 아인슈타인(Albert Einstein, 1879~1955)

서 북극까지 길이의 1/10,000,000을 1m로 정했습니다. 하지만 지구의 지각 활동으로 실제 거리를 측정하는 것이 정확하지 않았습니다. 따라서 자오선으로부터 정한 1m에 해당하는 길이를 기지는 백금 막대를 만들어 미터원기meter, 原器라고 하고, 이를 길이의 표준으로 삼았습니다.

문제는 미터원기도 물질의 열팽창 특성이나 외부 환경에 따라 길이가 조금씩 변하거나, 표면에 부식이나 마모가 일어나는 등 정확한 표준이 되기에는 부족했습니다. 이후 크립톤(Kr, 원자 번호 36) 원자에서 나오는 특정한 오렌지색 전자기파 파장(λ)의 1,650,763.73배를 1m로 정의했습니다. 따라서 표준 길이 1m와 표준 시간 1초를 사용하던 시절에는 빛이 1초 동안 진행한 거리를 측정해 빛의 속력을 얻었으므로, 빛의 속력은 측정의 정확도에 따라 달라지는 오차가 있는 값이었습니다.

현재는 길이의 표준을 정하는 대신 불변하는 정확한 빛의 속력과 원자시계로 정의하는 표준 시간 1초로부터 길이를 측정합니다.

⚡ 전자레인지와 인덕션 레인지

다시 전자레인지로 돌아가겠습니다. 전자레인지는 주파수가 2.45GHz이고, 파장이 12.2cm인 전자기파를 발생합니다. 주파수와 파장에 따른 전자기파의 분류를 보여 주는 **그림 13**을 보면, 전자레인지에서 발생하는 전자기파는 마이크로파라는 것을 알 수 있습니다. 그렇다면 이 마이크로파가 어떻게 음식을 조리하는 걸까요? 대부분의 음식 재료에는 수분, 즉 물이 포함돼 있습니다.

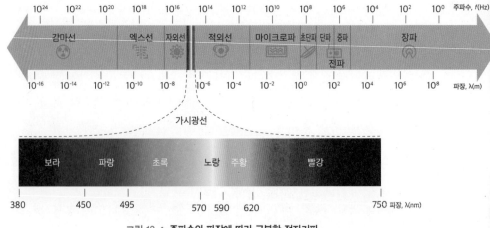

그림 13 ◆ 주파수와 파장에 따라 구분한 전자기파

물은 수소(H) 원자 2개와 산소(O) 원자 1개가 H-O-H 결합을 하는데, 직선으로 연결된 게 아니라 꺾인 모양으로 결합을 합니다. 이를 물 분자라고 하고, 분자식으로 H_2O라고 씁니다. 산소 원자는 수소 원자보다 전자를 더 잘 받아들이는 경향이 있습니다. 따라서 수소 원자에 있던 전자가 일부 산소 원자 쪽으로 움직여 가면서 수소 쪽이 (+) 전하를, 산소 쪽이 (-) 전하를 띠게 됩니다.◆그림 14 이렇게 극성을 가지는 분자를 극성 분자라고 하고, 전기 쌍극자를 가진다고 얘기합니다. **그림 15**에서처럼 전기

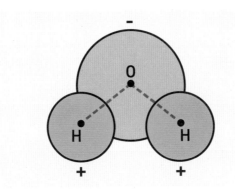

그림 14 ◆ **물 분자 H₂O의 모형 구조**

수소(H) 원자 2개와 산소(O) 원자 1개가 결합해 물 분자를 만듭니다. H–O–H 결합은 직선이 아닌 꺾인 구조라 전자가 적게 분포된 수소 쪽은 (+) 전하가, 전자가 많이 분포된 산소 쪽은 (−) 전하가 모여 극성을 갖습니다.

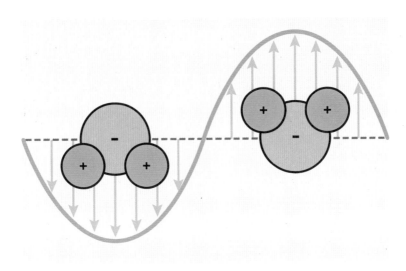

그림 15 ◆ **물 분자의 쌍극자 극성 방향**

방향을 바꾸어 진동하는 전기장 방향에 따라 배열하려는 물 분자의 전기 쌍극자 방향

쌍극자를 가진 물 분자는 전기장 내에서 쌍극자의 극성 방향이 전기장 방향에 따라 배열하려고 하기 때문에 돌아가려는 성질이 있습니다.

전자레인지에서 나오는 마이크로파는 전자기파입니다. **그림 6**에서 볼 수 있듯이 전자기파는 진공에서 전기장과 자기장이 서로 수직으로 진동하면서 진행하는 파동입니다. 즉 전자레인지에 음식을 넣고 작동시키면, 마이크로파의 전기장이 진동하면서 음식에 있는 물 분자와 다른 극성 분자를 전기장 방향으로 배열시키려고 합니다. 마이크로파의 주파수가 물 분자가 회전하는 주파수보다 크게 작아서 물 분자를 완전히 회전시키지는 못합니다. 그네가 앞뒤로 왔다 갔다 하듯, 물 분자도 어떤 축을 기준으로 왔다 갔다 하면서 부분 회전을 반복합니다. 이 과정에서 주위에 있는 물 분자나 음식물의 다른 분자들과 충돌하거나 문질러지면서 열이 발생해 음식물을 조리합니다. 우리가 겨울에 손을 비비면 따뜻해지는 것과 비슷한 현상입니다. 전자레인지는 이렇게 물 분자를 직접 움직여 온도를 높이는 조리 기구이기 때문에 음식에서 수분 증발이 많이 일어나는 경향이 있습니다. 이를 막기 위하여 조리 시 랩을 씌우는 것입니다.

직접 열을 발생하지 않는 또 다른 조리 기구인 인덕션 레인지는 어떻게 음식을 조리하는 걸까요? 열이 나지 않는다는 건 인 덕션 레인지를 켜고 그 위에 손을 올려놓으면 금방 알 수 있습니 다. 아무리 기다려도 전혀 뜨거워지지 않아요! 아마 시간이 조금 지나면 적합하지 않은 조리 기구를 올려놓았다고 경고가 나오거 나 자동으로 꺼질 것입니다.

인덕션 레인지를 사용해 본 사람들은 알고 있겠지만, 가스레 인지에서 사용하던 냄비 중 인덕션 레인지에는 사용하지 못하는 것들이 많이 있습니다. 대표적으로 된장찌개나 청국장찌개, 또는 설렁탕이나 갈비탕 같은 것을 끓여 먹는 뚝배기는 인덕션 레인 지 위에서 전혀 끓지 않습니다. 양은 냄비나 프라이팬 중에도 동 작하지 않는 것이 많습니다. 인덕션 레인지의 설명서를 보면 전 용 냄비를 사용하라고 쓰여 있습니다.

그렇다면 인덕션 레인지는 어떤 원리로 음식을 데우고 조리하 기에 열이 없이 특정한 냄비에서만 조리가 가능한 것일까요? 이 름에 들어 있는 인덕션은 영어 'induction'을 우리말로 발음한 것 인데, 물리에서는 보통 유도誘導라고 번역하는 단어입니다. 어떤 '작용'으로 인하여 다른 '변화'를 이끌어 내는 것을 의미합니다. 일상에서도 이 단어를 종종 사용합니다. 예를 들어 경찰이 범인 을 설득해 범죄 사실을 자백하게 하면, 자백을 '유도'했다고 합니다. 설득을 통해 자백을 유도했다는 표현을 사용하듯이, 인덕션 레인지와 그 위에 있는 냄비 바닥 사이에 전자기 유도(인덕션)를 통해 소용돌이 전류를 일으켜 열을 발생합니다. 이런 이유에서 인덕션이라는 이름이 붙었습니다.

전기와 자기

전자기 유도를 이해하려면 전기와 자기가 서로 영향을 준다는 것부터 알아야 합니다. 덴마크의 물리학자이면서, 화학자, 철학자였던 외르스테드는 1820년 4월 21일 저녁 실험 강의를 하던 도중 학생 앞에서 매우 당황했습니다. 남북으로 놓인 도선에 강한 전류를 흘렸을 때 도선 아래 있던 나침반 바늘이 남북을 향하지 않고 90도 돌아가 동서를 향하는 것을 관측했던 겁니다. 그런데 그 이유를 알 수가 없었습니다.

✦ 전류

　　　　　　　먼저 전류에 대해서 살펴보겠
습니다. 우리는 물리를 제대로 공부하지 않았더라도 플라스틱을
머리카락에 비비다 떼면 머리카락이 딸려 올라오거나, 겨울철
에 금속 손잡이를 잡으면 정전기가 발생하고 심하면 불꽃이 튀
는 것을 알고 있습니다. 과거에도 사람들은 다른 물체들을 비비
면서 발생하는 정전기가 존재하는 것을 이미 알고 있었고, 정전
기를 가진 어떤 두 물체가 서로 잡아당기기도 하고 서로 밀어내
기도 한다는 것을 알았습니다. 이로부터 전기는 양(+)과 음(-)인
두 가지 종류의 전하가 있고, 같은 종류의 전하에는 서로 밀어내
는 척력이, 다른 종류의 전하에는 서로 잡아당기는 인력이 작용
하는 것도 알았습니다.

　1897년 영국의 물리학자 톰슨이 전자를 발견하기 전까지는 이
렇게 흘러가는 게 전하라고 막연하게 알고 있었습니다. 톰슨은
음의 전하를 가진 아주아주 작은 입자가 원자 안에 있다는 것을
발견했습니다. 이후 원자핵이 가지는 양전하를 전자가 상쇄하여
원자는 전기적으로 중성이 된다는 것을 알게 됐습니다. 많은 물
리학자의 연구를 통해 전류는 원자에서 떨어져 나온 전자들이
전위차가 있을 때 흘러가 생기는 것도 알게 됐습니다.

그림 16 ◆ 한스 크리스티안 외르스테드(Hans Christian Oersted, 1777~1851)

그림 17 ◆ 조지프 존 톰슨(Joseph John Thomson, 1856~1940)

전류가 전자의 흐름이라는 것을 몰랐던 과거에 사람들이 정했던 전류의 방향이 사실은 양전하의 흐름이었고, 실제 전자는 전류가 흘러가는 방향과 반대 방향으로 흐르는 것을 알게 됐습니다. 간혹 전자가 아니라 실제로 양전하를 가진 입자들이 움직여 전류가 흐를 때도 있습니다. 양전하의 흐름을 **전류**라고 하면, 전류는 높은 곳에서 낮은 곳으로 흐르는 물의 흐름과 비슷하다고 생각할 수 있습니다. 물의 흐름을 좀 더 미시적으로 보면 물 분자라는 입자의 흐름이므로, 양전하 입자의 흐름(반대 방향인 전자의 흐름)이 전류가 되는 것과 비슷합니다. 물의 입장에서 높은 곳은 양전하인 입자 입장에서 전압 또는 전위가 높은 곳에 대응되고, 낮은 곳은 전압 또는 전위가 낮은 곳에 해당합니다. 이렇게 전압 혹은 전위 차이가 있으면 전류가 흐르게 되는 것입니다.

이뿐만 아니라 물이 흘러갈 때 중간에 바위나 나무가 있으면 흐르는 물이 이들과 충돌해 흐름이 느려지거나 똑바로 흐르지 못하고 방향을 이리저리 틀며 돌아가느라 느려집니다. 물의 흐름이 여러 환경이나 요소에 방해받아 느려지듯이, 전류 또한 물질을 구성하는 원자나 다른 전자와 충돌하거나, 물질 내에 있는 여러 종류의 결합과 충돌하는 등 다양한 이유로 느려집니다. 이를 그 물질의 전기 저항이라고 합니다. 충돌은 물질을 구성하는 원자에 에너지를 제공해 빠르게 떨리게 하고, 온도를 높입니다. 겨울철에 여러분이 손을 비비면 손바닥이 따뜻해지는 것과 비슷한 상황입니다.

⚡ 전류와 자기장

외르스테드가 당황했던 실험으로 돌아가겠습니다. 외르스테드는 학생들 앞에서 본인이 모르는 현상에 직면했다고 당황하여 감추거나 덮으려 하지 않았습니다. 오히려 본질적인 원인을 알기 위하여 전류를 반대로 흘리거나, 전류가 흐르는 도선의 위치(방향)를 바꾸면서 나침반 바늘의 방향이 어떻게 바뀌는지 살펴보았습니다. 놀랍게도 전류 변화에 맞춰 나침반 바늘의 방향도 달라진 것을 관찰했습니다. 자기(자석)는 전기(전류)와 아무런 관련이 없다고 알고 있던 때 이해할 수 없었던 이상한 관측 결과를 외르스테드는 논문으로 발표했고, 당시 과학계에서 화제가 됐습니다.

외르스테드가 발표한 지 일주일 만에 프랑스의 천재 물리학자 앙페르는 전류와 자기장 방향의 관계를 밝히는 법칙을 제시했습니다. 그림 19(a)에 나타낸 대로 직선 도선을 따라 흐르는 전류

그림 18 ◆ **앙드레 마리 앙페르**(Andre Marie Ampere, 1775~1836)

가 만드는 자기장은 도선을 중심축으로 하는 가상의 원을 따라 나침반 바늘이 정확하게 원에 접하는 방향을 향했습니다. 도선 주위로 돌아가는 방향의 자기장이 생긴다는 것을 발견한 것입니다. 원형 도선의 경우도 **그림 19(b)**에서처럼 이와 비슷하게 생각해 볼 수 있습니다. 원형 도선을 따라 돌면서 도선을 감싼 네 손가락이 향하는 방향을 보면 항상 같은 방향으로 지면을 뚫고 나오는데, 이 방향이 나침반 바늘(자석)의 N극이 가리키는 방향입

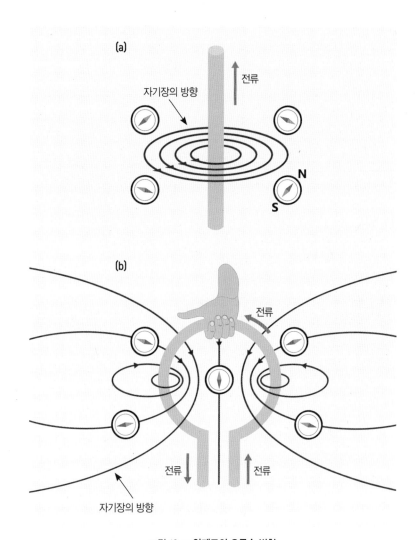

그림 19 ◆ 앙페르의 오른손 법칙

도선에 흐르는 전류에 의해서 도선 주위에 생긴 자기장의 방향을 보여 주는 나침반 바늘의 방향
과 자기장의 방향과 존재를 나타내는 가상의 화살표와 선.
(a) 직선 도선과 (b) 원형 도선에 흐르는 전류가 만드는 자기장의 방향과 분포.

니다. 이 방향은 오른손 네 손가락으로 원형 도선의 모양대로 원을 그리면 엄지손가락이 향하는 방향이 됩니다.

이 원형 도선의 크기가 점점 작아져서 밖에서 볼 때는 원형 도선이 보이지 않는다고 상상해 볼까요. 그러면 보이지 않는 원형 도선 중심에서 지면을 뚫고 나오는 자기장, 즉 자석만 존재한다고 생각할 수 있습니다. 그렇다면 눈에는 보이지 않지만, 자석 주위에는 아주 작은 원형의 전류가 흐르고 있지 않을까요? 이게 바로 앙페르가 한 가정이고, 이를 토대로 자석을 엄밀하게 설명하는 수학적 모델을 제시했습니다. 물론 당시 앙페르의 이러한 혁신적인 생각은 다른 과학자들이 이해하지 못해 받아들여지지 않았지만, 앙페르가 죽은 지 60여 년이 지나 톰슨이 전자를 발견한 후 결국 인정받게 됐습니다. 오른손만으로 전류와 자기장의 방향 사이의 관계를 알 수 있기 때문에 이를 앙페르의 오른손 법칙이라고 부릅니다.

더 나아가 앙페르는 전류가 흐르는 도선 두 개가 가까이 있을 때 힘이 작용한다는 것을 실험으로 밝히고, 이를 수학적으로 표현했습니다. 그림 20에 나타낸 대로 두 도선에 같은 방향으로 전류가 흐르면 서로 잡아당기는 인력이 작용하고, 반대 방향으로 전류가 흐르면 서로 밀어내는 척력이 작용한다는 것을 밝혔습니

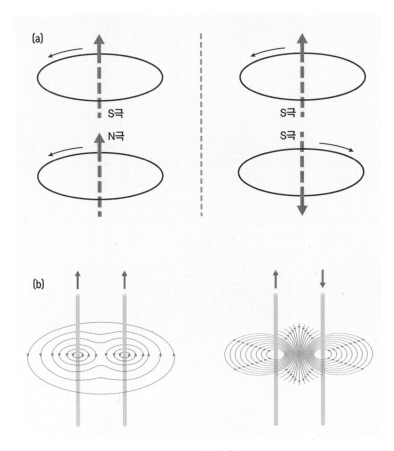

그림 20 ◆ 인력과 척력

(a) 나란한 두 개의 원형 도선에 전류가 같은 방향으로 흐르면 서로 잡아당기는 인력이, 반대 방향으로 흐르면 밀어내는 척력이 작용합니다. 이는 도선 중심에 생긴 자석의 방향을 확인하면 이해할 수 있습니다. 왼쪽에 있는 두 개의 도선에서처럼 전류가 같은 방향으로 흐르면 서로 반대 극성의 자석이 마주하고 있어서 인력이, 오른쪽에 있는 두 개의 도선에서처럼 전류가 반대 방향으로 흐르면 같은 극성의 자석이 마주해서 척력이 작용합니다.

(b) 평행한 직선 도선의 경우도 마찬가지로, 전류가 같은 방향으로 흐르면 인력, 반대 방향으로 흐르면 척력이 작용합니다.

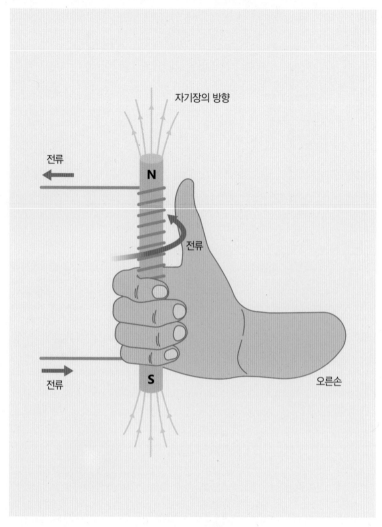

자기장의 방향

전류

N

전류

전류

S

오른손

그림 21 ◆ **전자석**

도선을 코일처럼 감으면 원형 도선을 따라 전류가 같은 방향으로 흘러 코일의 중심축을 지나는 강한 자석이 만들어집니다. 자석의 방향은 오른손 법칙으로 결정할 수 있습니다.

다. 이는 자석이 서로 다른 극끼리는 잡아당기고 같은 극끼리는 밀어내는 것과 같은 현상입니다.

이를 좀 더 응용해서 **그림 20(a)**처럼 같은 방향으로 전류가 돌아가는 원형 도선을 **그림 21**처럼 많이 쌓아 코일로 만들면 아주 센 자석을 만들 수 있습니다. 이 코일에 흐르는 전류 방향을 반대로 바꾸면, 자석의 극성을 바꿀 수 있습니다. 이렇게 코일로 만든 자석을 전자석이라고 합니다. 실제 전자석은 코일 중심에 철과 같은 자성 물질을 넣어 만듭니다.

♠ 전자기 유도

전기가 자기를 만든다면, 자기가 전기를 만들 수 있을까요? 이 질문에 처음으로 '그렇다'라고 답하고, 이러한 현상에 전자기 유도라는 이름을 붙이고 수학적인 설명을 한 사람은 영국의 위대한 물리학자이자 화학자였던 패러데이였습니다.

패러데이는 신분제 사회였던 당시 영국에서 가난한 노동자의 아들로 태어나 제대로 된 교육을 거의 받지 못했습니다. 하지만 어려운 환경 속에서 스스로 공부하고 연구하여 물리학과 화학 분

그림 22 ◆ 마이클 패러데이(Michael Faraday, 1791~1867)

야에서 역사적으로 중요한 여러 업적을 남겼지요. 역사상 가장 위대한 물리학자의 한 명으로 추앙받는 아인슈타인은 패러데이를 가장 존경하여 연구실에 그의 초상화를 걸어두었다고 합니다.

패러데이의 가장 큰 업적 중 하나인 전자기 유도를 간단히 설명하면, 변하는 전기는 자기를 유도하고 반대로 변하는 자기는 전기를 유도한다는 것입니다. 즉 전류가 흐르는 도선 주위에 자기장이 생긴다는 앙페르의 법칙도 전자기 유도에 해당하는 것입

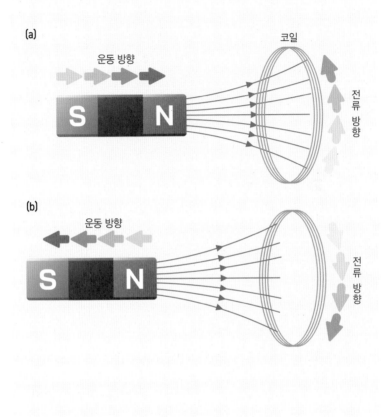

그림 23 ◆ **전자기 유도**

코일에 자석의 N극을 (a) 가까이 가져가거나 (b) 멀어지게 하면, 코일 내부에 자기장 변화로 기전력이 발생해 전류가 흐릅니다. 이때 전류는 외부에서 가한 자기장 변화를 방해하도록 흐릅니다. 즉 코일에 전류가 흐르면 앙페르의 법칙으로 코일 내부에 자기장이 형성되고, 이 자기장의 방향이 실제 자석의 운동을 방해하는 방향이 되도록 코일에 전류가 흐릅니다.

니다. 전자기 유도가 일어나는 상황을 **그림 23**을 보면서 이해해 보겠습니다.

배터리가 없어 전류가 흐르지 않는 코일과 자석을 준비합니다. 전자기 유도는 자기장이 변해야 하므로 **그림 23(a)**처럼 자석 N극이 코일을 향해 다가오게 하면 코일 내부로 들어오는 자기장은 커지고, **그림 23(b)**처럼 코일로부터 멀어지게 하면 코일 내부의 자기장은 약해집니다. 두 경우 모두 코일 내부에서 자기장이 변하므로 전자기 유도에 의해서 코일에 기전력이 발생합니다. 기전력의 발생 여부는 코일의 양쪽 끝을 검류계(G)와 연결해 회로를 만들어 전류가 흐르는지를 검출하면 알 수 있습니다.

자기장이 변하므로 정확히는 '자기 선속이 변하면'으로 표현해야 합니다. 자기 선속은 자기장과 그 자기장이 지나는 어떤 가상의 단면의 면적을 곱한 물리량입니다. 예를 들어 어떤 원형 도선 내부로 자기장이 지나가면 자기 선속은 원 면적에 자기장을 곱한 양입니다. 자기 선속이 변하려면 원형 도선 내부를 지나는 자기장이 변하거나 또는 자기장은 변하지 않고 원형 도선의 크기가 변하면 가능합니다. 물론 자기장이 변하고 원형 도선의 크기가 같이 변해도 됩니다. 보통 도선의 크기를 바꾸는 것보다는 자기장을 바꾸는 것이 더 쉽기 때문에 자기 선속 대신 '자기장이 변하면'으로 표현합니다.

기전력 전기의 발생, 즉 전류를 흐르게 하는 원천. 어떤 두 지점 사이에 전압 차이(전위차)가 있으면 기전력이 있다고 합니다. 예를 들어 회로에 연결하여 전류를 흘려 동작시키는 1.5V 배터리는 1.5V의 전압(기전력)을 가지고 있는 거죠.

그림 24 ◆ 하인리히 프리드리히 에밀 렌츠(Heinrich Friedrich Emil Lenz, 1804~1865)

흥미로운 것은 전자기 유도에 의해 유도된 전류는 다시 앙페르의 법칙에 의해 유도 자기장을 만든다는 것입니다. 독일의 물리학자 렌츠는 외부 자기장의 변화에 의해 유도된 기전력은 항상 외부 자기장의 변화를 방해하는 방향으로 발생한다는 렌츠의 법칙을 제시했습니다. 즉 **그림23(a)**에서 자석의 N극이 다가오니 이를 방해하게 코일 왼쪽이 N극이 되도록 유도 전류가 생기고, 반대로 **그림 23(b)**에서는 자석의 N극이 멀어지니 멀어지지 못

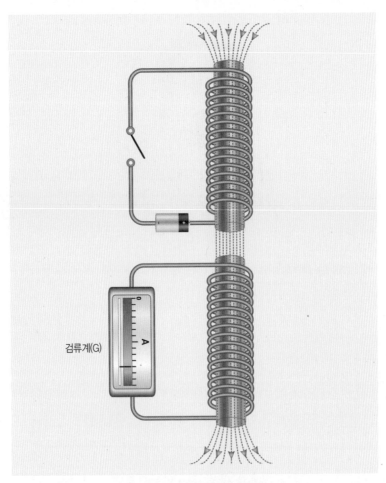

그림 25 ◆ 코일을 사용한 유도 전류

배터리에 연결된 코일에 전류가 흘러 앙페르의 오른손 법칙에 따라 아래 방향이 N극인 자석과 같아집니다. 아래 코일에 자기장의 변화가 없으면 유도 전류가 흐르지 않지만, 위의 코일에 붙어 있는 스위치를 닫는 순간 전류가 흐르기 시작해 자석이 되거나, 또는 스위치를 여는 순간 회로가 끊어져 전류가 멈추게 돼 자기장이 사라집니다. 바로 이 순간 아래 코일에 자기장의 변화를 일으켜 렌츠의 법칙이 알려 주는 방향으로 유도 전류가 흐르게 됩니다.

하게 코일 왼쪽이 S극이 되도록 유도 전류가 흐르게 됩니다.

이제 **그림 25**처럼 자석 대신 배터리에 연결된 코일을 사용해 같은 상황을 만들어 보겠습니다. 전류가 흐르지 않던 위쪽 코일에 붙어 있는 스위치를 닫는 순간 전류가 흐르기 시작하고, 자석이 되는 순간 아래쪽 코일에 작용하는 자기장이 변해서 유도 전류가 흐릅니다. 반대로 스위치를 열면 자석이었던 위쪽 코일이 자기장을 잃게 되므로 역시 아래쪽 코일에 작용하는 자기장이 변해 유도 전류가 흐르게 됩니다. 두 경우 모두 렌츠의 법칙에 따라 자기장 변화를 방해하는 방향으로 유도 전류가 흘러 서로 반대 방향으로 흐르게 됩니다.

또 한 명의 천재적인 물리학자이자 수학자인 영국의 맥스웰은 앙페르와 패러데이에 의해서 밝혀진 변하는 전기는 자기를, 변하는 자기는 전기를 유도한다는 전자기 유도와 이미 오래전부터 알려진 전기와 자기에 관한 특성을 수학적으로 통합해 **맥스웰 방정식**이라 부르는 네 개의 방정식으로 기술했습니다. 맥스웰 방정식은 빛의 파동인 전자기파가 일정한 속력으로 진동한다는 것 ◆그림 6 을 알게 되는 데 결정적인 수학적 이해를 제공했습니다. 맥스웰의 4개의 방정식은 전기와 자기에 의한 모든 현상을 기술할 수 있었을 뿐만 아니라 세상을 기술하는 관점을 바꿔 놓았습니다.

그림 26 ◆ **제임스 클러크 맥스웰**(James Clerk Maxwell, 1831~1879)

이전에는 물질의 실재는 이를 구성하는 점들로 이루어져 있어서, 점들의 운동을 알면 세상을 기술할 수 있다고 생각했습니다. 그런데 맥스웰 방정식은 물리적 실재를 점이 아니라 공간에 퍼져 있는 장으로 보고, 그때까지 알지 못했던 새로운 세상을 기술할 수 있게 됐습니다. 맥스웰이 과학에 미친 영향에 대한 평가는 아인슈타인의 말로 갈음할 수 있습니다.

"물리학은 맥스웰 이전과 이후로 나뉜다. 그와 더불어 과학의 한 시대가 끝나고, 새로운 과학의 시대가 열렸다."

잠시 주위를 둘러보세요. TV, 컴퓨터, 냉장고, 세탁기, 에어컨, 책상 위 램프, 핸드폰 충전기, 안마기, 점점 늘어나는 전기차까지. 전기를 사용하지 않고 동작하는 것이 과연 몇 가지나 될까요? 우리 일상뿐만 아니라 모든 산업 현장에서도 가장 중요한 것이 전기입니다. 즉 인류가 살아가는 데 발전發電, 즉 전기를 만드는 것의 중요성은 더 언급할 필요 없이 잘 알고 있습니다. 발전은 패러데이의 전자기 유도에 대한 수학적 설명이 있었기에 가능했습니다. 이로 인해 인류 문명은 한 단계 도약할 수 있었습니다. 발전의 기본 원리는 **그림 27**에 나타낸 대로 자기장 내에서 도선을 회전하면 도선 내부를 지나는 자기장 또는 자기 선속의 변화로 유도 전류가 발생하는 것입니다.

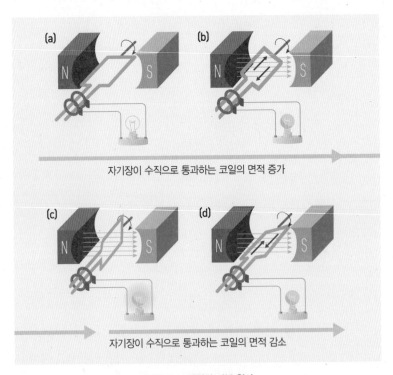

자기장이 수직으로 통과하는 코일의 면적 증가

자기장이 수직으로 통과하는 코일의 면적 감소

그림 27 ◆ 발전의 기본 원리

(a) 자기장 속에 수평으로 놓인 사각형 도선을 (b) 시계 방향으로 회전시키면 사각형 도선 내부를 지나는 자기장이 점점 많아지며, 자기 선속이 증가합니다. 즉 자기 선속이 변하므로 이 변화를 방해하도록 시계 방향으로 유도 전류가 흐릅니다. 유도 전류가 흐르는 방향을 따라 오른손 네 손가락으로 감싸 볼까요? 그러면 엄지손가락이 비스듬히 왼쪽 아래를 향하게 되므로 도선 내부에서 점점 커지는 외부 자석의 자기장을 방해하는 방향이 됩니다. 이 과정은 (c) 사각형 도선이 자기장에 대해 수직으로 놓일 때까지 계속되다가, 이 상황을 넘어 (d) 더 돌아가면 사각형 도선 내부를 지나는 자기장이 줄어들어 자기 선속이 감소합니다. 이를 방해하도록 역시 시계 방향으로 유도 전류가 흐릅니다. 이번에도 유도 전류가 흐르는 방향을 따라 오른손 네 손가락으로 감싸 보세요. 그러면 엄지손가락이 비스듬히 오른쪽 아래를 향하게 돼 약해지는 외부 자석의 자기장을 유지하려는 방향입니다. 이렇게 자기장 내에서 도선을 돌리면 전기가 발생하는 것이 발전의 기본 원리입니다. 도선을 돌리는 방법에 따라 발전 방식이 정해집니다. 석유나 석탄을 태워 돌리는 화력, 높은 곳에서 떨어지는 물을 이용하는 수력, 핵분열을 이용하는 원자력, 바람을 이용하는 풍력, 바다의 파도나 조수 간만의 차를 이용하는 파력이나 조력 발전 등이 있습니다.

인덕션 레인지의 원리

  이제 인덕션 레인지를 제대로 알아보겠습니다. **그림 28**은 인덕션 레인지의 원리를 보여 주는 개요도입니다. **그림 28(a)**는 1909년에 등록된 인덕션 쿠커에 관한 특허에 삽입된 그림이고, **그림 28(b)**는 현재 사용되는 일반적인 인덕션 레인지의 구조에 대한 개요도입니다. 상판이라고 불리는 세라믹 판 아래쪽 내부에 강한 자기장을 발생시킬 수 있도록 많이 감긴 코일이 있습니다.

  우리 집에 들어오는 전원은 교류 전원입니다. 교류 전원은 세기와 방향이 주기적으로 변하는 교류 전류를 내보내고요. 교류 전원에 연결된 인덕션 레인지의 스위치를 켜면 코일에 변하는

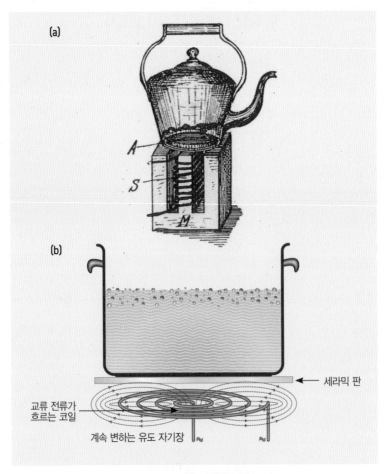

(a)

(b)

세라믹 판

교류 전류가
흐르는 코일

계속 변하는 유도 자기장

그림 28 ◆ **인덕션 레인지의 원리**

(a) 1909년에 특허로 등록된 인덕션 쿠커의 원리를 보여 주는 그림. M을 감고 있는 코일 S에 세기와 방향이 변하는 교류 전류를 흘리면 코일 가운데에 변하는 유도 자기장이 발생합니다. 이로 인하여 주전자의 바닥 A에 전자기 유도에 의해서 소용돌이 전류가 유도됩니다. 주전자 바닥은 저항이 있는 재질로, 저항에 전류가 흐르면 열이 발생하므로 뜨거워집니다.

(b) 현재의 인덕션 레인지 원리를 보여 주는 개요도. 기본적으로 (a)와 같습니다.

교류 전류가 흐르고, 앙페르 법칙으로 유도 자기장이 발생합니다. 코일에 흐르는 전류가 변하므로 발생하는 유도 자기장도 계속 변합니다. 이렇게 변하는 자기장이 자석이 붙는 전도체 물질로 만들어진 조리 용기(그림 28에서는 주전자 또는 냄비) 바닥에 작용하면, 패러데이 법칙으로 역시 세기와 방향이 변하는 소용돌이 형태의 유도 전류가 발생합니다. 앞에서 언급했듯이 모든 물질은 전류가 흐르면 이를 방해하는 전기 저항이 존재하기 때문에 용기 바닥에서 열이 발생하여 뜨거워집니다. 이렇게 전자기 유도에 의한 가열이 바로 인덕션 레인지의 기본적인 작동 원리입니다.

인덕션 레인지는 가스레인지처럼 불꽃을 내는 것도 아니고, 상판에서 직접을 열을 내지 않으면서 오로지 조리 용기의 바닥에서만 열이 발생하므로 화상이나 화재의 위험이 거의 없는 안전한 조리 기구입니다. 인덕션 레인지를 이용하여 즐겁게 조리하고 맛있는 음식을 즐겨 보기 바랍니다.

스마트폰을 보며 떠올린 물리학

우리가 가지고 있는 여러 물건 중 가장 자주 손에 쥐고 사용하는 게 무엇일까요? 아마 대부분 스마트폰이라고 답할 겁니다. 스마트폰이 우리 일상으로 들어온 지는 그리 오래되지 않았습니다. 하지만 현재 우리는 스마트폰이 없는 세상을 상상하기 어렵습니다. 스마트폰이 없던 그리 오래 지나지 않은 과거에 우리는 어떻게 살았을까요?

내비게이션과 GPS

　친구들과 주말에 처음 가 보는 장소에서 만나기로 했다고 가정
하겠습니다. 그곳이 어디든 거기까지 어떻게 찾아갈지 별로 걱정
하지 않죠? 스마트폰에서 지도 앱을 열고 목적지를 입력하면 현
재 있는 곳에서 그곳까지 어떻게 갈 수 있는지 자세한 경로를 알
려 줍니다. 버스나 지하철과 같은 대중교통이 도착하는 시간은
물론이고, 심지어 가장 빨리 환승할 수 있는 지하철 출입문 번호
까지도 알려 주죠. 중간에 길을 잃어도 걱정할 필요가 없습니다.
스마트폰 지도 앱에 내 현재 위치가 바로 표시되니 목적지까지의
경로를 따라 움직이면 됩니다. 이런 기능은 승용차를 타고 갈 때
길을 안내해 주는 내비게이션에도 그대로 적용됩니다.

스마트폰은 내가 지금 어디에 있는지를 어떻게 정확히 알고 있을까요? 스마트폰에는 인공위성에서 보내는 신호를 받아 작동하는 장치가 들어 있습니다. 지구 주위를 돌면서 정확한 위치 정보를 제공하기 위해 특별히 제작해 쏘아 올린 이 인공위성을 GPS(global positioning system) 위성이라고 합니다.

GPS는 1973년 미국에서 군사적 목적으로 만들었습니다. 그림 1처럼 1993년 24개의 GPS 위성이 지구 주위를 돌게 되면서 지구 위의 모든 곳에서 위치를 알 수 있게 됐습니다. 현재 지구 주위를 돌면서 작동하고 있는 GPS 위성은 31개이고, 모두 고도 20,180km에서 지구 주위를 하루에 두 번 돌고 있습니다. 모든 GPS 위성은 자신을 나타내는 고유 신호와 함께 궤도 어디에 있는지의 정보를 발생합니다. 자동차 내비게이션이나 스마트폰, 스마트워치는 GPS 수신기를 가지고 있어서 GPS 위성이 보내는 이러한 정보를 받아 우리가 현재 어디에 있는지 위치를 계산합니다.

그렇다면 GPS 위성의 정보로부터 어떻게 위치를 정확히 알 수 있을까요? GPS 위성은 지구 주위를 계속해서 돌고 있기 때문에

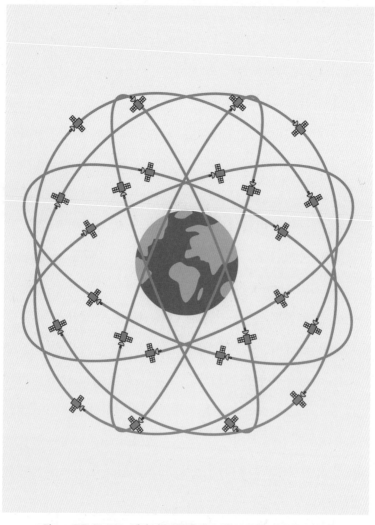

그림 1 ◆ 고도 20,180km에서 지구 주위를 돌고 있는 24개의 GPS 위성 개요도

지구 위 한 지점에서 4개 이상 GPS 위성으로부터 신호를 받으면 현재의 3차원 위치(위도, 경도, 고도)와 움직임을 알 수 있습니다.

4개 이상의 서로 다른 위성으로부터 신호를 받게 됩니다. 예를 들어 지금 1, 2, 3, 4라는 위성으로부터 신호를 받았다면, 1분 후에는 거기를 지나는 6, 11, 15, 22 위성으로부터 신호를 받을 수 있다는 뜻입니다. 게다가 내가 현재 있는 곳에서 신호를 받은 위성의 거리가 다 다릅니다. 예를 들어 우리 바로 위에 있는 위성까지의 거리가 가장 짧을 것이고, 만약 수평선 쪽에 있는 위성에서 신호를 받을 수 있다면, 그곳의 위성이 가장 멀리 있을 것입니다.

그림 2는 GPS 위성이 보낸 정보로부터 위치를 파악하는 방법을 설명하는 도식도입니다. GPS 수신기는 GPS 위성이 보낸 정보(위성의 위치, 신호를 보낸 시간)가 도달할 때까지 걸린 시간으로부터 위성까지의 거리를 계산합니다. 그림 2(a)에서 우리가 A에 있다면, GPS 위성 1로부터 정보를 받고 신호가 오는 데 걸린 시간을 계산해 위성 1로부터의 거리 r_1을 알 수 있습니다. 이 정보만으로 알 수 있는 건 위성 1을 중심으로 하는 반지름이 r_1인 구(빨간색 원)의 어딘가에 위치 A가 있다는 것입니다. 여기에 GPS 위성 2로부터 받은 정보를 동일하게 적용하면 반지름이 r_2인 파란색 원을 얻고, 빨간색 원과 파란색 원이 겹치는 곳 어딘가에 우리 위치 A가 있다는 것입니다. 그림 2처럼 2차원 원으로 고려하면 겹

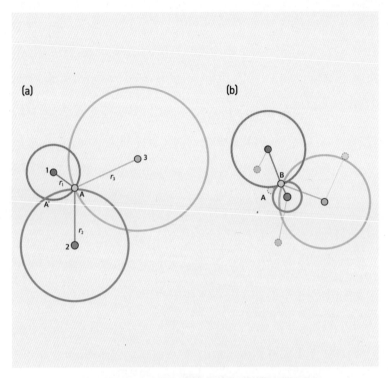

그림 2 ◆ GPS 위성으로부터 위치를 파악하는 방법을 나타낸 개요도

(a)는 GPS 위성 1, 2, 3으로부터 위치 A를 파악하는 경우이고, (b)는 A에서 이동한 위치 B를 파악하는 경우로, 이때 GPS 위성도 움직이므로 이를 고려해야 합니다. 이 그림에서 위성으로부터 거리를 나타내는 원들은 모두 3차원 구면을 2차원 단면에 투영해서 그린 그림이고, 실제로 우리가 있는 3차원 공간에서 정확한 위치를 파악하려면 GPS 위성이 1개 더 필요합니다.

치는 두 점인 A와 A' 중 한 곳이 우리 위치가 될 수 있습니다.

하지만 실제로 우리가 있는 지구 표면은 3차원 공간입니다. 따라서 두 원 대신 두 개의 구로 생각하여 겹치는 부분을 고려하면, A와 A'을 포함하는 원이 될 것이고, 우리 위치는 그 원 위 어딘가가 됩니다. 즉 GPS 위성 2개만으로는 정확한 위치를 알 수 없다는 뜻입니다. 여기에 GPS 위성 3으로부터 받은 정보를 동일하게 적용해 반지름이 r_3인 초록색 원을 얻어 세 원이 겹치는 부분을 고려하면 위치 A를 알 수 있습니다. 실제로는 3차원 구 3개를 고려하면 겹치는 부분이 2점이 될 텐데, 4번째 GPS 위성의 정보도 포함해서 우리가 있는 정확한 위치(위도, 경도, 고도)를 알 수 있습니다.

그림 2(b)처럼 우리가 이동하면 그 시간 동안 위성도 움직일 뿐만 아니라, 기존 정보를 받던 위성은 사라지고 새로운 GPS 위성이 들어오기도 합니다. 하지만 동일한 방식으로 새로운 위치를 파악하면 우리 이동 경로를 알 수 있습니다.

아인슈타인의 두 가지 가설

GPS 위성을 이용해 위치를 정확히 알려면 조금 더 깊이 들어 갈 필요가 있습니다. 아인슈타인은 상대성 이론을 만들 때 두 가지 가설을 세웠습니다. 하나는 '모든 운동은 상대적이고, 물리 법칙은 모든 관성계에서 동일하다'라는 상대성 가설이고, 다른 하나는 '모든 관성계에서 빛의 속력은 일정하다'라는 광속 불변의 가설입니다. 여기서 가설이라는 단어는 영어로 'postulate'라고 하는데, 과학적 추론이나 논의를 전개하기 위하여 사용하는 기본 원리라는 뜻입니다. 내용이 맞는지 틀리는지 모르지만 맞는다고 가정한다는 의미가 전혀 아닙니다. 수학적으로는 완벽히 증명되지는 않아 가설 또는 원리라고 하지만, 여러 이론과 실험

결과를 토대로 보편적 진리라고 받아들여진다는 뜻입니다.

⚡ 상대성 원리

첫 번째 가설은 1장에서 언급했죠? 바로 갈릴레이가 주장했던 원리입니다. 갈릴레이는 정지해 있는 것과 등속도로 움직이는 것은 상대적인 운동일 뿐 물리적으로 차이가 없다고 주장했습니다.

예를 들어 우리가 자동차를 타고 일정한 속력으로 직선으로 달리고 있다고 생각해 보겠습니다. 길에 서 있는 사람이 볼 때 우리는 자동차와 함께 빠르게 움직이고 있다고 생각할 것입니다. 하지만 자동차에 타고 있는 우리가 밖을 바라보면 밖에 있는 세상이 뒤로 빠르게 움직이고 있다고 생각합니다. 사실 진동이 거의 없이 미끄러지듯 일정한 속력으로 움직이는 자동차 안에서 눈을 감고 있으면 우리가 움직이고 있다고 알기 어렵습니다. 길거리에 가만히 서 있으면 정말 움직이지 않고 정지해 있다고 생각할 수도 있습니다. 하지만 지구에서 멀리 떨어져 있는 관찰자가 본다면, 정지해 있는 것이 아니라 엄청나게 빨리 움직이고 있을 것입니다.

우리가 있는 지구는 하루 한 바퀴씩 자전하므로 지구 표면에서의 자전 속력은 음속보다 더 빠른 시속 1,670km 정도입니다. 더구나 지구는 태양 주위를 1년에 한 바퀴씩 공전하는데, 공전 속력은 대략 시속 십만km 정도입니다. 이뿐만이 아닙니다. 태양계는 태양계가 속해 있는 우리 은하의 중심 주위로 공전하고 있는데, 그 속력은 무려 시속 백만km 정도입니다.

우리가 멈춰 있는 것이 아니라 얼마나 빨리 움직이고 있는지 실감이 되나요? 하지만 이런 운동은 모두 상대적입니다. 이렇게 빨리 움직이고 있다 하더라도 같은 지구 위에 멈춰 있는 사람들끼리는 정지해 있거나 아니면 상대적으로만 움직이는 것입니다.

이제 직선으로 움직이는 일정한 속력의 자동차 안에서 공을 떨어뜨려 볼까요? 차 안에 타고 있는 사람이 볼 때는 **그림 3(a)**의 빨간 직선을 따라 그대로 아래로 떨어질 것입니다. 하지만 자동차 밖에 정지해 있는 사람이 보면 **그림 3(a)**의 노란 점선 곡선을 따라 자동차와 같이 움직이면서 떨어지는 것으로 보일 것입니다. 이와는 반대로 자동차 밖에 정지해 있는 사람이 공을 떨어뜨린다면 어떨까요. 밖에 서 있는 사람이 보면 **그림 3(b)**의 노란 직선을 따라 그대로 아래로 떨어지겠지만, 자동차와 같이 움직이고 있는 사람이 보면 자동차가 움직이는 반대 방향으

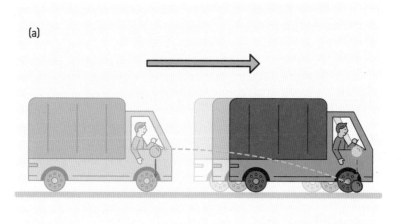

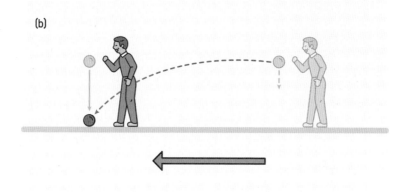

그림 3 ◆ **운동의 상대성 원리**

(a) 일정한 속력으로 달리는 차 안에서 빨간 공을 떨어뜨리면 차 안에 있는 사람이 볼 때는 빨간 직선을 따라 제자리에 떨어지지만, 차 밖의 정지해 있는 사람이 보면 자동차와 같이 움직이면서, 즉 노란 점선 곡선을 따라 떨어집니다.

(b) 차 밖에 정지한 사람이 공을 떨어뜨리면 자기 옆에서 노란 직선을 따라 그대로 떨어지지만, 자동차와 같이 움직이는 사람이 보면 자동차가 움직이는 반대 방향, 즉 빨간 점선 곡선을 따라 떨어집니다.

로 움직이면서 **그림 3(b)**의 빨간 점선 곡선을 따라 떨어질 것입니다.

이것은 자동차에 타고 있든, 밖에 있든 상관없이 공이 떨어지는 운동에 대해 동일한 물리 법칙을 적용해 기술하고 이해할 수 있다는 뜻입니다. 관성계에서는 물체의 운동을 기술하는 물리 법칙이 정확히 동일하다는 것입니다. 바로 1장에서 설명했던 뉴턴 법칙이 누구에게나 똑같이 성립한다는 것입니다.

✦ 빛은 입자인가, 파동인가

갈릴레이 상대성 원리를 통해 빛에 대한 이해가 깊어지면서, 빛의 속력은 관측하는 사람의 상대적인 속력에 무관하게 항상 일정하다는 것을 알게 됐습니다. 바로 아인슈타인이 갈릴레이의 원리를 자신의 상대성 이론으로 확장할 때 사용한 두 번째 가설 광속 불변의 원리가 나오게 된 근거입니다.

광속 불변 원리로 인해서 광속 자체를 표준으로 정해 길이의 표준이 사라졌다는 내용을 3장에서 이미 언급했습니다. 빛이 무엇인지 정확히 알기 위한 논의는 고대 그리스와 고대 인도에서

그림 4 ◆ **크리스티안 하위헌스**(Christiaan Huygens, 1629~1695)

도 이루어졌다는 기록이 있을 정도로 아주 오랫동안 계속됐습니다. 논의의 주요 쟁점은 빛이 입자인지 파동인지에 대한 것이었습니다.

뉴턴은 빛이 직진하여 진행하기 때문에 입자라고 주장하면서 빛의 반사 현상을 설명했습니다. 하지만 당시에도 이미 밝혀진 빛의 회절 현상에 대해서는 정확히 설명하지 못했습니다.

한편 네덜란드의 수학자이자 물리학자인 하위헌스는 빛에 대한 파동 이론을 수학적으로 정립했고, 빛은 에테르라는 매질을 통해 진동하며 진행하는 파동이라고 주장했습니다. 이후 영국의 물리학자이자 생리학자이며, 의사이자 언어학자였던 영은 그 유명한 영의 이중 슬릿 실험을 고안해 빛이 파동임을 실험적으로 증명하고 수학적으로 기술했습니다.

당시에는 당대 최고의 물리학자였던 뉴턴이 빛은 입자라고 주장하고 있었습니다. 따라서 웬만한 근거로는 그의 과학적 권위에 맞서 빛이 파동이라는 주장을 수면 위로 드러내기가 매우 어려웠습니다. 하지만 영이 그의 실험에서 보여 준 빛의 파동성은 이러한 권위로도 반박하지 못할 만큼 명확했던 거죠. 따라서 그의 실험은 빛이 입자인지 파동인지에 대한 논의에 종지부를 찍었습니다.

그림 5는 영의 이중 슬릿 실험 개요도입니다. 평면파(바닷가에서 파도가 거의 평행하게 진행하는 파동)를 아주 작은 슬릿(틈) S_0로 입사하면 나머지 영역에서는 막히고 S_0를 통해서만 계속 진행할 수 있으므로, 원형파가 퍼져 나오듯 진행됩니다. 이 현상을 **회절**이라고 하는데, 파동의 가장 대표적인 특성 중 하나입니다. 이 원형파가 퍼져 나가다 뒤에 있는 이중 슬릿 S_1과 S_2를 지나면 두 개의 원형파가 진행됩니다. 이 두 파동이 만나면 새로운 파동이 만들

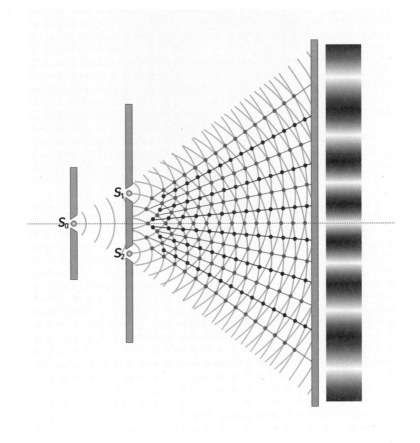

그림 5 ◆ 영의 이중 슬릿 실험

평면파가 아주 좁은 단일 슬릿(틈) S_0를 지나면 다른 부분은 다 막히고 S_0로만 파가 진행할 수 있으므로 원형파가 퍼져 나오듯 진행됩니다. 그 뒤에 있는 이중 슬릿 S_1, S_2를 지나면, 거기서 두 개의 원형파가 나와 서로 만나게 됩니다. 두 파의 마루와 마루, 또는 골과 골이 만나면 더 높아진 마루 또는 더 깊은 골이 만들어지는 보강 간섭이 일어납니다(빨간 점). 한편 한 파의 마루와 다른 파의 골이 만나면 서로 상쇄돼 진폭이 없어지는 소멸 간섭이 일어납니다(검은 점). 가장 뒷면에 나타난 밝은 무늬(보강 간섭)와 어두운 무늬(소멸 간섭)을 간섭무늬라고 합니다. 파란색 원형 선이 파동의 마루이고, 선과 선의 중간이 골입니다.

그림 6 ◆ **토머스 영**(Thomas Young, 1773~1829)

어지는데, 이를 **간섭**이라고 합니다. 간섭 또한 회절과 함께 파동의 가장 대표적인 특성입니다.

3장 **그림** 10에서 설명한 대로, 파동의 최고점을 마루, 최저점을 골이라고 하고, 진동의 중심으로부터 마루나 골까지를 진폭이라고 합니다. 만약 두 파동이 만날 때 마루는 마루끼리 만나고, 골은 골끼리 만나는 경우는 위상이 같다고 얘기하고, 두 파동은 중첩돼 더 큰 진폭을 가지는 보강 간섭이 일어납니다. 이와는 반대로 마루는 골, 골은 마루와 만나는 경우를 위상이 서로 반대라고 얘기하고, 진폭이 0이 되는 소멸 간섭이 일어납니다. 보강 간섭과 소멸 간섭이 반복되면서 일어나는 형태를 간섭무늬라고 합니다. 두 원형파의 시작점인 S_1과 S_2에서 두 파의 위상이 같은지 반대인지, 혹은 조금 다른지에 따라서 오른쪽 제일 끝 스크린에 드러나는 간섭무늬가 변합니다. 영은 빛으로 이중 슬릿 실험을 해 간섭무늬을 보임으로써 빛이 파동임을 명확히 보였습니다.

⚑ 빛의 매질 에테르

빛이 파동이라는 것이 밝혀졌기에 이 파동을 매개하는 에테르라는 매질에 대해서 살펴볼 필요가 있습니다. 3장에서 파동이란 '공간에서 진동이 반복하며 진행하는 것'이라고 설명했습니다.

진동이 반복한다는 의미를 살펴볼까요? 아무것도 없으면 진동을 할 것도 없습니다. 즉 물결파라는 것은 물이 진동해 진행하는 파동이고, 기타 줄을 튕기면 줄이 진동하는 것도 파동입니다. 기타 줄이 진동하면 줄 옆의 공기를 같이 진동하게 만드는데, 공기가 진동하며 진행하는 파동을 음파라고 합니다. 이렇게 파동은 진동하는 무엇인가가 있어야 하는데, 그것을 매질이라고 합니다. 물결파의 매질은 물이고, 음파의 매질은 공기입니다. 따라서 공기가 없는 진공으로 나가면 진동할 매질이 없으므로 소리를 전달하거나 들을 수 없겠죠. 빛이 입자가 아니라 파동이라면 다른 파동처럼 진동하는 매질이 있어야 한다고 믿었습니다. 이 매질이 무엇인지 몰랐지만, 과학자들은 에테르라고 이름 붙였습니다. 고대 그리스 시대의 자연 철학자들이 하늘의 원소라고 생각했던 그 에테르입니다.

고대 그리스 사람들은 세상이 흙, 물, 공기, 불이라는 4원소로 이루어졌다고 생각했습니다. 갈릴레이 상대성 원리와 뉴턴의 물리 법칙을 몰랐던 당시 사람들이 볼 때, 지상에서 운동하던 모든 것은 결국 멈추지만, 해와 달, 별과 같은 천체들은 멈추지 않고 영원히 움직였습니다. 따라서 지상 세계를 구성하는 네 가지 외에 천상(하늘)을 구성하며 영원한 운동을 이끄는 새로운 제5원소가 있어야 한다고 생각하고, 이를 에테르라고 했습니다. 흥미롭게도 고대 그리스의 네 원소와 제5원소 에테르는 고대 인도에서 언급한 지수화풍地水火風이라는 4대와 공(空, 아카샤)이라는 개념과 매우 잘 일치합니다.

미국의 물리학자 마이컬슨과 몰리는 물리학 역사에서 가장 중

그림 7 ◆ 앨버트 마이컬슨(Albert Abraham Michelson, 1852~1931)

그림 8 ◆ 에드워드 몰리(Edward Williams Morley, 1838~1923)

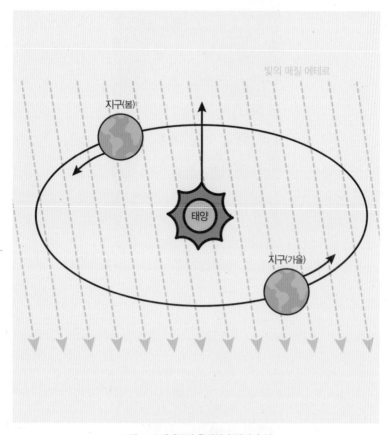

그림 9 ◆ 에테르의 움직임과 빛의 속력

지구는 태양 주위를 빠르게 공전하고 태양계도 우리 은하 내에서 훨씬 더 빨리 공전하고 있습니다. 따라서 우주 공간을 가득 채우고 있어야 하는 에테르에 대한 지구의 상대적인 위치와 운동은 계속 달라질 것입니다. 또 공기 중에서 우리가 이 방향, 저 방향으로 속력을 다르게 해서 달리면, 바람이 불지 않더라도 우리가 느끼는 상대적인 바람의 방향과 상대적인 속력이 달라집니다. 따라서 지구와 태양계의 운동에 따라 지구에서 볼 때, 빛의 매질인 에테르의 '바람'이 불어오는 방향과 속력이 계속 달라질 겁니다. 이렇게 에테르의 움직임이 상대적으로 달라지면, 각 위치에서 빛의 속력이 달라질 것이므로 마이컬슨—몰리는 간섭계를 이용해 그 차이를 측정하려고 했습니다.

요한 실험 중 하나로 꼽히는 마이컬슨-몰리 실험으로 에테르의 존재를 실험적으로 증명하려고 했습니다. 지구는 태양 주위를 공전하고 태양계도 우리 은하에서 공전합니다. 따라서 에테르에 대해서도 지구의 상대적인 운동은 계속 변하기 때문에 에테르의 상대적인 움직임도 달라질 것이므로, 에테르의 움직임에 평행하게 진행하는 빛과 수직인 방향으로 진행하는 빛의 상대 속력이 달라질 거로 생각했습니다.[그림 9] 이는 **그림 10**에서처럼 일정한 속력으로 흘러가는 강에서 같은 속력으로 움직이는 배가 강물의 흐름과 수직이게 두 지점 A와 B를 왕복할 때와 평행하게 A에서 C까지 AB와 같은 거리를 왕복하는 경우 상대 속력의 차이로 걸리는 시간이 달라지는 것과 유사한 상황이 에테르에서 빛의 움직임에도 일어날 것으로 생각했던 것입니다.

♠ 실패한 실험과 광속 불변 원리

마이컬슨과 몰리는 **그림 11**과 같은 간섭계라는 실험 장치를 이용해 그 차이를 측정하려고 했습니다. 간섭계가 빛의 매질인 에테르 내에 있고, 거울1(M1)에서 반사하는 경로는 에테르의 움직임에 수직이며, 거울2(M2)에서

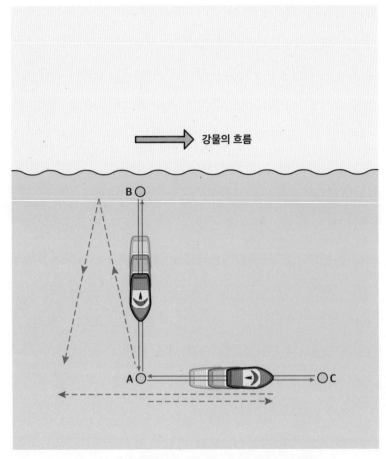

강물의 흐름

B○

A○ ○C

그림 10 ◆ 상대 속력의 차이로 걸리는 시간도 달라지는 경우

왼쪽에서 오른쪽으로 일정한 속력으로 흐르는 강에 거리가 같은 AB와 AC를 같은 속력으로 운항하는 배로 왕복합니다. 강 밖에서 본 관찰자에게 배가 움직인 경로는 파란색 실선과 빨간색 실선으로 보이겠지만, 강물이 흘러가는 속력 때문에 배가 실제로 움직인 경로는 파란색 점선과 빨간색 점선이 됩니다. 피타고라스 정리를 적용해 실제로 움직인 거리를 계산하면 AB를 왕복하는 데 걸리는 시간이 AC를 왕복하는 데 걸리는 시간보다 항상 적다는 것을 알 수 있습니다.

반사하는 경로는 에테르의 움직임에 평행하다고 하겠습니다. 광분리기에서 두 거울까지의 거리를 같게($L_1=L_2$) 했을 때, 만약 강물에서 배의 움직임과 같은 상황이 일어난다면 어떨까요? 빛이 각각을 지날 때 걸리는 시간 차이(물론 매우 적은 차이겠지만)로 두 경로를 지나는 빛의 위상이 달라지겠죠. 따라서 그에 해당하는 간섭무늬를 검출할 수 있을 겁니다.

하지만 마이컬슨과 몰리는 그들이 측정할 수 있는 실험 오차 범위 내에서 두 개의 수직인 경로를 따라 진행하는 빛의 상대 속력이 차이가 없음을 발견했습니다. 실험 장치의 정밀도를 높여 가며 실험을 반복해도 결과는 달라지지 않았습니다. 마이컬슨과 몰리가 보여 주고자 했던 에테르의 존재를 증명한 것이 아니라 에테르는 없다는 것을 밝혔고, 더 나아가 빛의 상대 속력은 관측자에 무관하게 항상 동일하다는 것을 보인 것입니다. 즉 의도했던 실험에 실패한 것입니다.

그러나 마이컬슨은 간섭계를 이용한 매우 정밀한 측정 방법을 개발한 공로로 1907년 미국인 최초로 노벨 물리학상을 수상했습니다. 또 아이러니하게도 아인슈타인은 이 실패한 실험 덕에 상대성 이론을 위한 그의 두 번째 가설 광속 불변 원리를 세울 수 있었습니다.

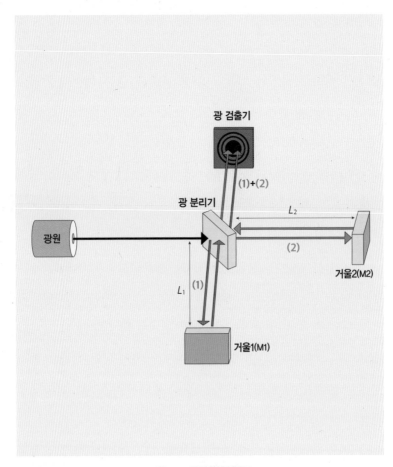

그림 11 ◆ 간섭계의 개요도

광원에서 나온 빛(검은색 경로)은 광 분리기를 만나 50%는 반사(빨간색 경로(1))되고, 50% 투과(파란색 경로(2))돼 각각 거울1(M1)과 거울2(M2)에서 반사됩니다. 두 빛은 광 분리기에서 다시 합쳐져((1)+(2)) 광 검출기에 도달합니다. 광 분리기에서 M1과 M2까지의 길이 L_1과 L_2의 차이에 따르는 빛의 두 경로 (1)과 (2)의 위상 차이를 광 검출기에서 간섭무늬로 알 수 있습니다. L_1과 L_2의 길이가 같더라도 두 경로 (1)과 (2)를 지나는 빛의 속력이 달라지면 위상 차이가 생겨서 광 검출기에서 검출할 수 있습니다.

그렇다면 빛이 매질 없이 파동으로 존재할 수 있는 이유는 무엇일까요? 바로 3장에서 논의했던 전자기 유도 때문입니다. 전자기 유도로 인해 주기적으로 진동하는 전기장은 자기장을 유도하고, 그 자기장은 다시 전기장을 유도합니다. 즉 매질이 없이도 서로를 유도하고 전자기장을 형성하며 진공에서 일정한 속력으로 진행하는 것입니다.

하지만 빛의 속력은 관성계의 관측자가 어떻게 움직이는지와 무관하게 일정하다는 광속 불변 원리는 우리 인식과는 큰 괴리가 있습니다. 예를 들어 내가 시속 60km로 달리는 자동차를 타고 있다고 가정하겠습니다. 만약 반대쪽에서 같은 속력으로 달려오는 자동차를 보면 시속 120km로 달리는 것으로 보일 겁니다. 반면 같은 속력으로 나와 나란히 달리는 자동차를 보면 정지한 것으로 보이겠죠. 이 상대 속력이 바로 앞에서 언급한 갈릴레이 상대론입니다.

그렇다면 빛이 빛의 속력으로 날아가는 상황을 생각해 보겠습니다. 같은 빛의 속력으로 반대 방향에서 날아오는 빛을 보거나, 같은 방향으로 날아가는 빛은 어떻게 보일까요? 빛의 속력의 두 배로 보이거나 정지한 것으로 보이는 게 아니라 광속 불변 원리에 의해서 모두 다 빛의 속력으로 보입니다. 이 놀라운 현상은

착시 현상이 아니라 실제 세상이 그렇다는 것입니다.

♣ 시간 지연

광속 불변 원리로 일어날 수 있는 신기한 현상을 볼까요? **그림 12**는 빛이 아래에서 위로 한 번 왕복해 $2L$을 움직이면 1초가 되는 광시계가 들어 있는 우주선입니다. **그림 12(a)**는 빠르게 날아가는 우주선 안에 있는 관찰자가 본 광시계의 1초입니다. **그림 12(b)**는 우주선 밖에서 정지해 있는 관찰자가 바라본 광시계의 1초입니다. 우주선이 매우 빨리 움직이고 있고, 빛의 속력은 관찰자에 무관하게 항상 일정합니다. 따라서 외부 관찰자가 보기에 우주선 내 광시계의 빛이 한 번 왕복하려면 훨씬 더 긴 경로를 지나야 합니다. 이 그림에서는 거리가 $4L$이 되는 상황이죠? 그러므로 외부 관찰자의 시간으로는 빛이 $4L$만큼 지나는 시간인 2초가 흘렀고, 우주선 내 광시계의 빛은 한 번 왕복한 것이므로 1초가 흐른 것입니다. 즉 외부 관찰자의 시간이 2초가 흐를 때 빠르게 날아가는 우주선의 시간은 1초가 지난 것입니다. 물론 우주선의 속력이 지금보다 느리면 빛의 경로는 더 짧아지고, 속력이 더 빠르면 경로는 더 길어집니다. 더

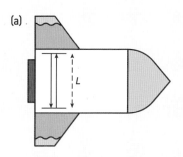

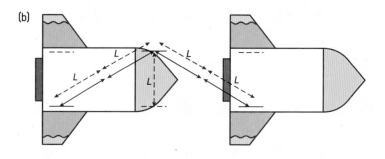

그림 12 ◆ 매우 빨리 날아가는 우주선 속에 있는 광시계

우주선 안에 빛이 위아래로 한 번 왕복해 2L만큼 움직일 때 1초인 광시계가 있습니다.

(a) 우주선에 타고 있는 관찰자가 본 광시계 1초의 모습

(b) 우주선 밖에서 정지해 있는 관찰자가 우주선 내의 광시계를 바라보는 모습. 이 관찰자가 가지고 있는 광시계로 1초는 (a)와 같고, 그동안 빛은 2L만큼 날아가므로 우주선 안에 있는 광시계의 빛은 광시계의 위쪽에 도달한 상태, 즉 0.5초가 지난 상태입니다. 우주선 안 광시계의 빛이 다시 아래에 도달하여 1초가 되려면, 빛은 2L의 경로를 더 지나야 합니다. 그동안 관찰자의 광시계는 1초가 더 흘러 2초가 지나게 됩니다. 따라서 매우 빠르게 움직이는 물체의 시간은 느리게 흐릅니다.

빨리 움직이는 것의 시간은 더 느리게 흐릅니다. 이를 시간 지연이라고 합니다.

이 상황에서 빛의 속력이 변하지 않는 것을 다시 생각해 볼까요? 속력이란 움직인 거리를 걸린 시간으로 나누면 알 수 있습니다. 외부 관찰자 입장에선 시간이 느리게 흐르는 우주선 내에서도 빛의 속력이 일정하려면 움직인 거리도 줄어들어야 합니다. 즉 빠르게 움직이는 공간의 길이가 줄어든다는 놀라운 일이 벌어진다는 것입니다. 이를 길이 수축이라고 합니다. 여기서 움직이는 것과 정지해 있는 것은 서로 상대적이라는 갈릴레이 상대성 원리를 다시 한번 상기하고자 합니다.

↟ 쌍둥이 역설

우주선을 타고 아주 빠르게 날아가는 관찰자는 외부에 정지해 있는 관찰자를 어떻게 볼까요? 상대적이므로 우주선을 타고 있는 관찰자는 자신이 정지해 있고, 외부 관찰자가 우주선이 날아가는 반대 방향으로 빠르게 움직인다고 볼 것입니다. **그림 12(b)**에서 외부 관찰자에게 적용한 것을 거꾸로 우주선 내의 관찰자에게 적용할 수 있습니다. 그렇다면 우주선 내의 관찰자가 보면 외부 관찰자의 시간이 느리게 흐른다는 것입니다. 외부 관찰자에게는 우주선 내의 시간이 느리게 흐르고, 우주선 내의 관찰자에게는 외부의 시간이 느리게 흐른다는 양립할 수 없는 모순이 생겼습니다.

이 모순이 바로 상대성 이론을 설명할 때 항상 등장하는 쌍둥이 역설입니다. 쌍둥이 한 명은 지구에 남고, 다른 한 명은 매우 빨리 날아가는 우주선을 타고 우주여행을 하고 돌아와서 다시 만난다면 누가 더 젊을까요? 앞의 설명에 따르면 지구에 남은 사람 입장에서는 우주여행을 하고 돌아온 사람이 더 젊을 것이고, 우주여행을 하고 온 사람이 볼 때는 지구에 남은 사람이 더 젊다는 것입니다. 이 역설은 어떻게 해소될까요? 이에 대한 답을 하기 위하여 아인슈타인이 설명한 중력을 이해해야 합니다.

아인슈타인의 첫 번째 가설인 상대성 원리는 관성계, 즉 가속하지 않는 계에 적용되는 원리입니다. 그런데 1장에서 논의했던 뉴턴 제2 법칙은 '어떤 물체가 힘을 받으면 가속도가 생긴다'였습니다. 만약 관성계가 아니라 가속 운동을 하는 계에 있는 관찰자는 무엇을 알 수 있을까요?

예를 들어 자동차를 타고 일정한 속력으로 달리다가 갑자기 급정거하면 앞으로 쏠릴 겁니다. 이 모습을 자동차 밖에 있는 관찰자가 보면 자동차는 속력을 줄이므로 움직이는 방향의 반대 방향으로 가속도가 있는 것입니다. 즉 움직이는 반대 방향으로 힘이 작용하는 것입니다. 그 힘은 바로 자동차 타이어와 도로 사이의 마찰력입니다. 하지만 관성계가 아닌 감속하는 자동차에 타고 있는 관찰자는 자동차가 움직이고 있는 방향으로 작용하는 실재하지 않는 힘을 받는다고 느낍니다. 아니, 그 관찰자는 단순히 느끼는 것이 아니라 실제로 그 힘을 받습니다. 이러한 비관성계의 관찰자가 느끼는 힘을 관성력이라고 합니다. 실재하는 힘이 아니라 비관성계라서 작용하는 힘입니다.

또 다른 예로 빠르게 원운동 하는 놀이기구를 타면 우리는 밖으로 튕겨 나가려는 힘을 받습니다. 원운동은 항상 중심으로 향하는 구심력이 작용해야 가능한 운동입니다. 밖으로 작용하는 힘은 실재하지 않습니다. 하지만 원운동은 비관성계이므로 밖으로 나가려는 관성력(원심력)을 받는 것입니다.

♟ 역설 해결

아인슈타인은 이런 비관성계에서 작용하는 관성력과 중력은 구별할 수 없다고 했습니다. 즉 균일한 중력이 작용하는 곳에서의 물리 법칙은 일정하게 가속하는 계에서의 물리 법칙과 동일하다는 것입니다. 이를 아인슈타인의 등가 원리라고 합니다. 아인슈타인은 이 등가 원리를 사고실험을 통해서 이해했습니다. 아인슈타인이 했던 사고실험을 우리도 해 볼까요?

사방이 막혀서 밖이 보이지 않는, 중력도 없는 진공의 우주 속을 날아가는 가상의 엘리베이터를 타고 있다고 가정하겠습니다. 일정한 힘을 작용해 이 엘리베이터를 지구 위 중력 가속도와 동일한 가속도를 가지도록 위로 계속해서 잡아당긴다고 합시다. 엘리베이터는 가속도 운동을 하므로 비관성계이고, 엘리베이터를 타고 있는 관찰자는 가속도 운동을 하는 반대 방향으로 관성력을 받을 겁니다. 엘리베이터 안에 저울을 놓고 그 위에 올라가면 지구에서의 몸무게와 동일한 무게가 나옵니다. 즉 관성력은 지구 위에서 우리가 받는 중력과 동일하고, 중력과의 차이를 알 수 없다는 것입니다.

더 나아가 아인슈타인은 중력의 본질을 시공간의 휘어짐으로

사고실험 머릿속으로 상황을 설계하고 가상으로 수행하는 실험

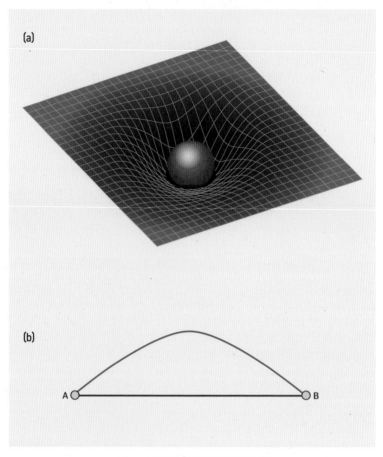

그림 13 ◆ 중력의 본질은 시공간의 휘어짐

(a) 중력에 의해 휘어진 시공간을 보여 주는 개요도. 빛은 중력이 센 곳에서 이 휘어진 시공간 내 최단 경로(시간이 가장 적게 걸리는 경로)로 이동합니다.

(b) 시공간의 두 점 A와 B 사이를 지나는 빛의 경로 비교. 중력이 없어서 시공간이 평평한 곳에서의 빛은 검은색 직선으로 나타낸 경로를 따라 움직이고, 중력이 세서 시공간이 휘어진 곳에서의 빛은 빨간색 곡선 경로를 따라 움직입니다. 휘어진 곳의 빨간색 경로가 검은색 직선 경로보다 길기 때문에 빛이 지나는 데 걸리는 시간이 길어집니다. 즉 시간이 느리게 흐릅니다.

선언했습니다. 그림 13(a)에 보이는 것처럼 중력이 클수록 시공간의 휘어짐이 심해진다는 것입니다. 그림 13(b)처럼 아무것도 없는 곳에서 직진하던 빛도 중력이 세서 시공간이 심하게 휘어진 곳에서는 그 공간에서의 최단 경로인 휘어진 경로를 따라 진행합니다. 즉 중력이 없는 곳에서의 경로보다 훨씬 먼 거리를 지나야 합니다. 따라서 중력이 센 곳이 중력이 약한 곳보다 시간이 훨씬 느리게 흐릅니다.

중력에 의한 시간 지연 효과는 영화 〈인터스텔라〉에도 등장합니다. '가르강튀아'라는 블랙홀 근처에 있는 밀러 행성은 블랙홀의 거대한 중력 효과로 시간이 매우 느리게 흐르는 곳입니다. 그 행성에서의 1시간은 지구에서의 7년에 해당했습니다.

그러면 쌍둥이 역설은 어떨까요? 쌍둥이 중 누가 더 젊은지 확인하려면 다시 만나야만 합니다. 다시 만나려면 어떻게 해야 할까요? 우주선을 타고 우주여행을 떠났던 사람이 지구로 되돌아와야 합니다. 지구를 떠나 빠르게 멀어진 사람이 되돌아오려면 속력을 줄였다가 멈춘 후 지구 방향으로 다시 빠르게 움직이거나, 또는 크게 곡선 운동을 하면서 지구 방향으로 우주선을 되돌려야만 합니다. 그뿐만 아니라 지구에 착륙하기 위해 속력을 줄여서 궁극적으로는 0이 돼야 합니다. 어떤 상황이든 우주선은 엄청난 가속 운동을 해야만 하죠. 즉 가속 운동을 하는 우주선에 타고 있는 사람은 엄청난 관성력을 받게 됩니다. 등가 원리에 의해서 관성력은 중력과 동일하므로, 강한 중력을 받는 것과 동일합니다. 중력이 센 곳의 시공간이 휘어지고 시간이 느리게 흐르게 됩니다. 따라서 우주여행을 다녀온 사람은 강한 중력의 효과를 받아 지구에 있던 사람보다 시간이 느리게 흘러 쌍둥이가 다시 만났을 때 더 젊을 것입니다.

스마트폰으로 위치 찾기

이제 GPS 위성을 이용해 위치를 찾는 방법으로 돌아가겠습니다. 각 GPS 위성은 신호를 보내는 시간과 자기 위치를 함께 전송합니다. GPS 위성이 보내는 신호는 전자기파의 형태라서 빛의 속력으로 진행하고요. GPS 수신기는 이 정보를 받아 자신이 가지고 있는 시계와 비교해 신호가 오는 데 걸린 시간을 알 수 있습니다. 여기에 빛의 속력을 곱하면 위성까지의 거리가 나오죠. 이렇게 각 위성으로부터의 거리를 알면 **그림 2**에서 설명한 방법으로 GPS 수신기를 가지고 있는 **나**의 위치를 찾을 수 있습니다.

만약 GPS 위성이 보내는 시간과 GPS 수신기의 시간이 서로 다르면 어떻게 될까요? 위성과 수신기의 시간 차이가 정확하지 않으면 위성까지의 거리가 정확하지 않고, 결국 틀린 위치를 찾게 되겠죠. 따라서 GPS 위성과 수신기 사이에 시간 동기화가 중요해집니다. 그런데 앞에서 빠르게 움직이는 공간과 중력이 센 공간에서는 시간이 느리게 흐르는 것을 보았습니다.

GPS 위성은 지구 주위를 하루에 두 바퀴 돌기 때문에 지구 표면에서 보면 매우 빨리 움직입니다. 이 효과를 상대성 이론으로 계산해 보면, 지구 표면에 있는 GPS 수신기 시계보다 GPS 위성 시계가 하루에 약 0.000007초 느리게 갑니다.

반면 GPS 위성은 고도 20,180km 높이에서 돌고 있습니다. 즉 지구 중심에서 멀리 떨어져 있으므로 지구 표면보다 지구 중력을 덜 받습니다. 또한 지구 중심 주위를 돌고 있으므로 지구에서 멀어지는 방향의 원심력을 받아 중력 효과가 더 줄어들겠죠. 이 줄어든 중력 효과를 계산해 보면 GPS 위성 시계가 하루에 0.000045초 빨리 갑니다.

이 두 가지 상반된 효과를 더하면 위성 시계가 지구 표면 시계를 기준으로 하루에 0.000038초 빨리 간다는 것을 알 수 있습니다. 시간 차이를 늘 보정해 시간을 동기화해야만 정확한 위치를 알 수 있습니다. 아인슈타인의 상대성 이론이 없었다면, 우리가 편리하게 사용하는 내비게이션이 무용지물이 됐을 것입니다.

양자역학의 등장

    스마트폰에 있는 GPS 수신기가 신호를 받아 우리 위치를 찾을 수 있는 이유는 스마트폰 내부에 있는 반도체 소자가 필요한 연산과 계산을 수행하기 때문입니다. 반도체 소자의 동작은 반도체 내에서 전자의 움직임을 제어함으로써 가능하게 됐습니다. 전자를 제어하려면 전자와 같이 아주 작은 입자를 기술하는 양자역학을 이해해야만 합니다. 양자역학은 상대성 이론과 함께 20세기 과학 혁명을 주도하며, 인류 문명의 새로운 장을 열었습니다.

♣ 광전 효과와 빛의 이중성

　　　　　　　　　영의 이중 슬릿 실험으로 빛은 파동으로 결정됐다고 언급했습니다. 하지만 빛이 파동인지 입자인지는 광전 효과의 관측으로 다시 오리무중에 빠졌습니다. 광전 효과는 특정 주파수 이상의 빛을 금속에 쏘면 금속에서 전자가 튀어나오는 현상입니다.◆그림 14 하지만 특정 주파수보다 작은 주파수의 빛으로는 전자가 나오지 않습니다.

　빛이 파동이라면 주파수와 무관하게 빛의 세기를 충분히 크게 해 금속에 쏘면 충분한 에너지가 금속에 공급돼 전자가 튀어나와야 합니다. 그런데 실제로는 특정 주파수 이하인 빛을 아무리 세게 비춰도 전자가 튀어나오지 않았습니다. 특정 주파수보다 큰 빛은 매우 약하게 비춰도 전자가 튀어나오는 걸 관측했고, 이때 빛의 세기를 높이면 튀어나온 전자의 운동 에너지가 커지는 것이 아니라 더 많은 전자가 튀어나왔습니다. 즉 빛의 세기가 아니라 빛의 주파수를 높여야 튀어나온 전자의 운동 에너지가 커지는 것을 발견했습니다.

　빛의 파동성으로는 설명할 수 없었던 광전 효과를 아인슈타인은 빛이 광자라는 입자로 돼 있으면 가능하다는 것을 보여 주었습니다. 광자 하나의 에너지는 빛의 주파수에 의해서 결정된다

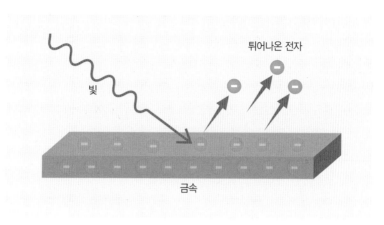

그림 14 ◆ 광전 효과

특정 주파수 이상의 빛을 쏘면 금속에서 전자가 튀어나옵니다. 특정 주파수 이하의 빛은 아무리 세게 비춰도 전자가 튀어나오지 않습니다.

는 것입니다. 즉 광자는 빛의 주파수가 크면 에너지가 크고, 주파수가 작으면 에너지도 작습니다. 광자 하나가 금속 내부의 전자 하나와 상호 작용을 하므로, 이 전자를 금속 밖으로 튕겨 낼 만큼의 에너지, 즉 특정 주파수 이상의 광자를 쏴야지만 광전 효과가 일어날 수 있습니다. 주파수가 작은 빛은 아무리 많이 비추더라도 광자 하나하나의 에너지가 금속 안에 있는 전자 하나를 밖으로 튕겨 낼 만큼의 충분한 에너지를 가지고 있지 않습니다. 따라서 광전 효과가 일어나지 않겠죠. 이렇게 어떤 금속 안에 있는 전자 하나를 밖으로 내보낼 수 있는 최소 에너지를 그 금속의 일 함수라고 부릅니다.

아인슈타인은 광전 효과를 성공적으로 설명한 공로를 인정받아 1921년 노벨 물리학상을 받았습니다. 참고로 아인슈타인은 인류 역사상 가장 위대한 이론 중 하나인 상대성 이론을 정립했지만, 안타깝게도 이 이론으로는 노벨상을 받지 못했습니다.

그렇다면 빛은 파동이 아니라 입자라고 판명된 것일까요? 그렇지 않습니다. 영의 이중 슬릿 실험으로 인하여 빛은 파동일 수밖에 없습니다. 광전 효과와 이중 슬릿 실험 결과를 모두 설명하려면 빛은 입자이면서 파동이라고 할 수밖에 없습니다. 광전 효과에서는 입자로, 이중 슬릿 실험에서는 파동으로서의 특성을 보여 주기 때문입니다. 이를 빛의 이중성이라고 부릅니다.

아인슈타인의 광전 효과와 빛의 이중성은 곧이어 등장하는 양자역학의 태동에 매우 중요한 역할을 합니다. 하지만 아인슈타인은 죽을 때까지 양자역학을 완전히 신뢰하지 못하고 양자역학을 주창하는 물리학자들과 치열한 논쟁을 벌였습니다. 양자역학을 보완할 새로운 이론을 계속해서 찾았지만, 결국 성공하지 못했습니다.

♦ 보어와 드브로이의 설명

아인슈타인이 광전 효과를 설명하기 이전이던 19세기 말과 20세 초, 당시로서는 이해하지 못했던 여러 현상이 관측됐습니다. 예를 들어 원자들이 빛을 방출하는데, 몇 개의 특정한 색깔을 가진 빛만 방출했습니다. 비 온 직후 태양에서 오는 빛이 공기 중에 있는 물방울을 통해 빨주노초파남보의 모든 색깔을 보여 주는 무지개로 나타나는 것과는 완전히 달랐습니다. 무지개처럼 모든 색깔의 빛을 연속 스펙트럼이라고 부릅니다.

과거에는 태양에서 오는 가시광선에 아무런 색이 없다고 생각했습니다. 하지만 뉴턴은 프리즘으로 가시광선이 무지개처럼 빨주노초파남보의 모든 색을 가지고 있는 연속 스펙트럼으로 나타나는 것을 보였습니다. 원자에서 나오는 빛은 가시광선처럼 모든 색깔이 있는 게 아니라 몇 개의 색깔만 보여 줍니다. 게다가 이 색깔이 연속 스펙트럼의 특정한 위치에 가늘게 선처럼 나타납니다. 이런 이유로 원자의 선 스펙트럼이라고 부릅니다. 하지만 그때까지의 물리학으로는 원자에서 나오는 선 스펙트럼을 설명할 수 없었습니다.

그뿐만 아니라 당시 과학자들은 원자 구조를 태양계와 비슷

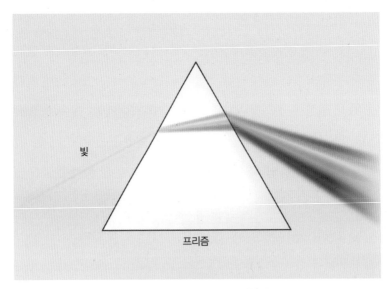

빛

프리즘

그림 15 ◆ 가시광선의 연속 스펙트럼

하게 인식했습니다. 원자는 양(+)전하를 띤 무거운 원자핵 하나와 음(-)전하를 띤 매우 작고 가벼운 전자들로 구성돼 있다는 것을 알고 있었습니다. 양전하와 음전하는 서로 잡아당기는 인력이 작용하므로 원자핵과 전자가 같은 공간에 놓여 있다면 서로 끌어당겨 합쳐져야 했습니다. 하지만 그렇지 않고 따로 떨어져 있었습니다. 이 원자핵과 전자를 태양계의 태양과 행성으로 대응해 설명했습니다. 태양과 행성도 중력으로 서로 잡아당기지만, 행성이 태양으로 떨어지지 않는 건 무거운 태양 주위로 행성이 공전, 즉 원운동(정확히는 약간 찌그러진 타원 운동)을 하기 때문입니다. 서로 잡아당기는 중력이 바로 구심력의 역할을 합니다. 이처럼 전자도 원자핵 주위를 공전하기 때문에 원자핵 주위로 떨어지지 않는다는 행성 궤도 모형으로 이해했습니다.

하지만 원자의 행성 궤도 모형과 실제 태양계의 구조 사이에는 결정적인 차이가 있습니다. 바로 원자핵과 전자는 전하를 가지고 있다는 것입니다. 맥스웰이 전자기에 관한 모든 기초를 정립한 후 물리학자들은 전하를 띤 입자가 가속 운동을 하면 전자기파를 발생해 에너지를 잃게 된다는 것을 알게 됐습니다. 즉 음전하를 띤 전자가 원자핵 주위를 도는 가속 운동을 하면, 전자기파를 발생하면서 에너지를 계속 잃을 것입니다. 그렇다면 전자가 원자핵 주위를 도는 원의 반지름이 점점 줄어들고 나선 형태의 운동을 하면서 원자핵으로 추락해 원자는 매우 불안정해질 것입니다. 하지만 원자에서는 이런 일이 일어나지 않았습니다.

이를 보완하고 원자의 선 스펙트럼을 설명하기 위하여 덴마크 물리학자 보어는 원자에 대한 보어 모형을 제시했습니다. 보어 모형에서는 행성 궤도 모형에서처럼 전자가 원자핵 주위를 돌지

그림 16 ◆ **닐스 보어**(Niels Bohr, 1885~1962)

보어는 양자역학의 정통학파인 코펜하겐 학파를 이끌며, 양자역학 성립에 결정적인 역할을 했습니다.

만, 모든 궤도가 다 가능한 것이 아닙니다. **그림 17**에 나타낸 대로 정상 궤도라고 부르는 특정한 궤도에서만 가능하다고 했습니다. 각 궤도를 도는 전자는 서로 다른 에너지를 가지고 있어서, 한 정상 궤도에서 다른 정상 궤도로 넘어가려면 차이 나는 만큼의 에너지를 내놓거나 받지 않으면 불가능합니다. 이 때문에 정상 궤도에 안정적으로 있을 수 있었습니다.

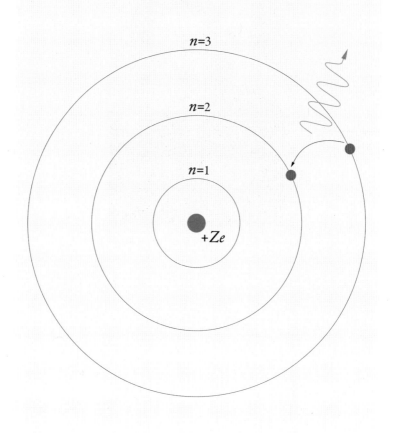

그림 17 ◆ 보어의 원자 모형

가운데 +Ze 전하를 가진 원자핵이 있고, −e 전하를 가진 전자는 n=1, 2, 3과 같이 정해진 궤도로만 원자핵 주위를 돌 수 있습니다. 이러한 특정 궤도를 정상 궤도라고 합니다. n이 크면 원자핵으로부터 더 멀리 있고, 더 큰 에너지를 갖고 있습니다. 만약 n=3 궤도에 있던 전자가 n=2 궤도로 떨어지면, 두 궤도 사이의 에너지에 해당하는 특정한 빛(전자기파)이 발생합니다. 이렇게 나오는 빛이 원자의 선 스펙트럼으로 나타납니다.

그림 18 ◆ **루이 드브로이**(Louis de Broglie, 1892~1987)

보어 모형은 수소 원자에서 나오는 선 스펙트럼을 정확하게 설명했습니다. **그림 17**에서처럼 $n=3$ 궤도에 있던 전자가 $n=2$ 궤도로 떨어지면 두 궤도 사이의 에너지에 해당하는 특정한 빛(전자기파)을 발생하는데, 이 빛이 원자의 선 스펙트럼을 형성하는 것입니다. 하지만 아쉽게도 다른 원자에서 나오는 선 스펙트럼을 설명할 수는 없었습니다.

프랑스의 물리학자 드브로이는 아인슈타인이 광전 효과를 통

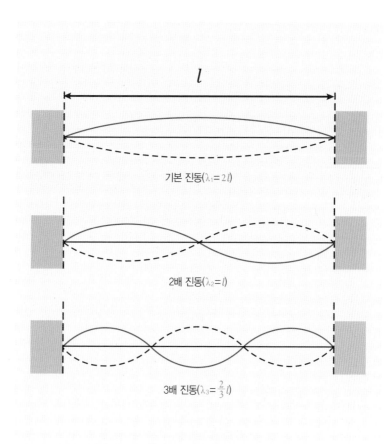

l

기본 진동($\lambda_1 = 2l$)

2배 진동($\lambda_2 = l$)

3배 진동($\lambda_3 = \frac{2}{3}l$)

그림 19 ◆ 드브로이의 설명

기타 줄처럼 양쪽 끝이 고정된 줄을 튕기면 기본 진동처럼 진동합니다. 고정된 두 점 사이의 길이를 l이라고 합시다. 이렇게 양쪽 끝이 고정돼 제자리에서 진동하는 파동을 정상파라고 합니다. 마루에서 다음 마루까지가 파장(λ)이므로, 기본 진동을 하는 파의 파장(λ_1)은 $2l$이 됩니다. 정상파는 기본 진동에서 가장 긴 파장(기타 줄이라고 한다면 가장 낮은 소리)입니다. 이 파장 중간에 등간격으로 1개, 2개의 고정점이 생기며 진동하는 것을 2배, 3배 진동이라고 합니다. 각각의 경우 파장(λ_2 또는 λ_3)은 l 또는 $2l/3$이 됩니다. λ_1과 λ_2 또는 λ_2와 λ_3 사이의 길이를 파장으로 가지는 파동은 존재하지 않습니다.

해 보여 준 빛에는 파동 특성과 입자 특성의 이중성이 있다는 사실과 보어가 원자 모형에서 보여 준 원자 내에서 전자는 특정한 정상 궤도에만 있을 수 있다는 사실에 영감을 받았습니다. 그리하여 파동인 빛이 입자의 특성을 가지듯 입자도 파동의 특성을 가질 수 있지 않겠냐는 놀라운 가정을 했습니다.

보어 모형에서 전자가 정상 궤도에만 존재할 수 있다는 가정을 드브로이는 **그림 19**와 유사한 정상파의 개념으로 멋지게 설명했습니다. **그림 17**에 정상 궤도 $n=1, 2, 3$이 존재하는 것은 각 궤도의 원주에서 전자가 각각 기본, 2배, 3배 진동의 정상파를 형성하기 때문에 가능하다고 설명했습니다.

♠ 양자역학의 등장

물리학자들은 전자가 파동임을 증명하기 위해 영이 빛으로 수행했던 이중 슬릿 실험을 전자로 수행했습니다. 여기서 놀랍게도 빛의 간섭무늬와 유사한 전자의 간섭무늬를 관측했습니다. 전자로 수행한 실험에서 간섭무늬를 본 것은, 곧 이중 슬릿을 통과한 전자가 주로 밝은 무늬가 있는 곳에 도달했다는 의미입니다. 입자인 전자가 파동성을 가진다는

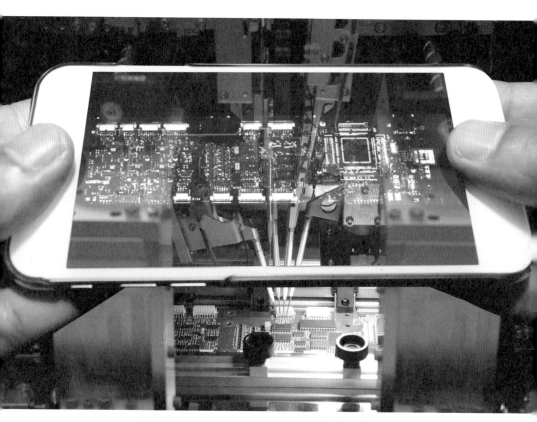

그림 20 ◆ 양자역학에 기반한 반도체 소자들이 스마트폰을 구성합니다.

것을 이해하기 어려웠던 물리학자들은 전자 하나하나는 이중 슬 릿 중 하나를 지나지만, 여러 개의 전자가 한꺼번에 지나가며 상 호 작용을 해서 이런 간섭무늬가 나온 게 아닐까 하고 생각했습 니다.

이를 확인하려고 시간 간격을 충분히 두고 전자를 한 번에 하 나씩만 쏘며 이중 슬릿 실험을 다시 수행했습니다. 가장 뒤 스크 린에 전자가 하나씩 도달하는 것을 관측한 물리학자들은 놀랄 수밖에 없었습니다. 이 경우에도 간섭무늬가 나타난 것입니다. 전자 하나가 파동처럼 동시에 이중 슬릿을 지나지 않았다면 일 어날 수 없는 일이 일어난 겁니다. 파동인 줄 알았던 빛이 입자 성을 가지고 있듯이 입자도 파동성을 가지고 있다는 것은 피할 수 없는 사실이 됐습니다. 이 사실은 양자역학의 등장을 가속화 했습니다.

우리가 사용하는 스마트폰은 바로 양자역학에 기반한 반도체 소자들로 구성돼 작동합니다. 전자가 소자에서 다른 소자로 이 동해 소자의 특성을 보이는 과정은 모두 파동성을 가진 전자의 운동으로 가능합니다. 이뿐만 아니라 전자와 빛의 상호 작용으 로 방출되는 빛을 이용해 만든 디스플레이를 통해서 우리는 스 마트폰을 보며 전화를 하고 앱도 이용합니다. 이 모두를 양자역학으로 설명할 수 있습니다.

우리가 사용하는 문명의 이기 대부분은 상대성 이론과 양자역학으로 가능해졌음을 잊지 말았으면 좋겠습니다.

물리하는 사람들이 떠올린 물리학

물리학은 흔히 '만물의 이치를 다루는 학문'이라고 불립니다. 하지만 실제로 물리를 학문으로 연구하는 사람들이 자기 연구가 만물의 이치를 알려 줄 거로 생각하면서 연구하는 것은 아닙니다. 일상에서 종종 '이건 뭐지?' 또는 '이런 일은 왜(어떻게) 일어날까?'와 같은 호기심이나 궁금증을 해결하려는 마음이 더 크죠.

물리라는 학문이 정립되기 훨씬 전부터 선조들은 주위에 보이는 것, 일어나는 현상들에 대해서 경외심을 느낌과 동시에 '왜?' 또는 '어떻게?'라는 물음을 던졌습니다. 물음에 답하다 보면 또 다른 물음과 궁금증이 꼬리에 꼬리를 물고 떠오르기도 합니다. 처음에는 답을 얻지 못한 물음이 더 많았고, 찾은 해답도 현대 물리학의 관점에서 보면 터무니없는 경우가 많았습니다. 선조들이 찾은 답이 전체를 설명하지 못했을지도 모릅니다. 하지만 당시 궁금했던 부분을 설명할 수 있었을 테고, 궁금했던 부분이 늘어나면서 찾았던 답도 점점 더 넓은 부분을 설명하는 방향으로 나아갔습니다.

물리는 자연에서 일어나는 여러 현상이나 주위에 존재하는 다양한 물질에 대한 호기심을 해소하기 위한 동기로 하는 것입니다. 궁금증과 호기심을 해결하다 보니 현상에 숨겨져 있는 여러 물리 법칙을 발견하기도 하고, 여러 물질의 특성을 파악하며, 세상에 존재하는 만물의 근원이 무엇인지를 알아 가고 있습니다. 이 과정에서 얻은 결과물이 우리의 삶을 풍요롭게 하는 다양한 기술 발전에 활용된 것은 보너스입니다.

요즘은 과학, 특히 물리를 연구하는 사람들에게 과학적 호기심을 탐구하기보다 기술 발전, 즉 경제 발전을 위한 최전선의 연구 전사들이 되기를 요구합니다. 응용을 염두에 두고 연구를 진행할 때도 있지만, 그동안 개발된 엄청난 인류 발명품들은 호기심을 해소하고자 진행했던 탐구

활동의 부산물인 경우가 훨씬 많습니다.

물론 시간이 지나도 모든 탐구의 결과가 응용물을 부산물로 내지는 않습니다. 하지만 호기심에 기반한 과학의 발전은 다양한 형태로 인류에 기여합니다. 예를 들어 인간과 자연의 본질을 이해하기 위한 사색의 결과가 철학이라고 할 수 있는데요, 철학의 발전에도 물리학의 혁명, 과학의 혁명이 결정적인 역할을 했습니다. 고대부터 중세까지 자연 철학자는 곧 물리학자(과학자)이자 철학자였습니다. 뉴턴의 법칙을 발견하면서 일어난 17세기의 과학 혁명, 20세기 초 상대성 이론과 양자역학의 발견으로 촉발된 또 다른 과학 혁명은 인류에게 새로운 문명 시대를 열어 주었을 뿐만 아니라, 철학의 패러다임을 통째로 바꾸기도 했습니다.

일반 사람이 '물리학'이라면 떠올리는 게 무엇일까요?

·제물포

인천광역시 중구 지역의 옛 이름. 이제는 '제(재)' 때문에 '물'리 '포'기했다는 뜻으로, 많은 고등학교 물리 선생님의 별명!

·순수 학문

물리학은 순수 학문이라 돈이 되는 응용 분야를 할 수 없다. 따라서 취업하기 어렵다!

·천재들이 하는 학문

물리학은 어려우니 천재가 아니면 하기 어렵다!

물리학자들은 물리학을 공부한다거나 물리학을 연구한다는 표현을 잘 하지 않습니다. 그냥 '물리를 한다'라고 합니다. 그렇다면 일반 사람이 떠올린 물리학의 이미지를 '물리하는 사람들'은 어떻게 생각할까요?

·제물포

물리 선생님이 문제일 수도 있을 겁니다. 하지만 그보다는 현재 중고등학교의 물리 교육 과정에 포함된 재미없는 내용이 이런 별명을 만들었을 수도 있습니다. 종종 교과서에는 학생들이 볼 때 현실적이지 않은 이상적인 조건이 등장하고, 맥락 없이 나오는 수식들이 있습니다. 왜 공부하는지, 왜 풀어야 하는지 이해할 수 없는 내용이나 문제도 많고요. 하지만 현실 세계에는 우리가 제어할 수 없는 다양한 환경적 변수가 많습니다. 제어할 수 없는 변수를 제거하고, 가장 이상적인 환경을 상정하고 변수를 제한해 고려하는 것은 자연을 이해하는 첫 번째 접근 과정입니다. 이후에 상황을 반영하는 변수를 하나씩 추가하며 이상적인 상황에서 달라지는 것을 파악하고 현실을 이해하는 것입니다. 아주 흥미롭고 호기심을 유발하는 현상들의 물리적인 원인을 찾아가는 내용으로 교육 과정을 구성하면 학생이 물리학에 좀 더 흥미를 느낄 수 있지 않을까요?

·순수 학문

물리학은 돈이 안 되는 순수 분야만 있는 것이 아닙니다. 우리가 사용하는 문명의 이기 대부분이 물리학 기반으로 가능해졌습니다. 전자 제품의 핵심인 반도체, 디스플레이,

배터리 등은 모두 물리학이 아니면 불가능한 것들입니다.

하지만 지금까지 물리학을 발전시킨 선배 물리학자들은 응용성을 염두에 두고 한 것이 아닙니다. 궁금증을 해결하려는 동기가 가장 컸습니다. 호기심을 해결하고 근본적인 원리와 원인을 찾아가다 보면, 응용성이 없는 원리를 찾는 연구 분야에서 그 원리를 이용해 새로운 응용이 가능하게 된 예가 수도 없이 많습니다. 예를 들어 앞에서 본 아인슈타인의 상대성 이론은 내비게이션에 활용되고 있습니다. 물리학 분야는 차세대 반도체나 양자 컴퓨터와 같은 아직 도래하지 않은 새로운 기술을 연구하고 개발하는 데 주도적인 역할을 하고 있습니다.

물리학은 세상을 어떻게 바라보고, 물질을 어떻게 탐구하고, 우리 주위에 일어나는 현상을 어떻게 생각해야 하는지에 대한 방법론을 제공하는 학문입니다. 따라서 지금 당장 활용하는 기술을 배우는 것은 아닙니다. 하지만 물리학에서는 본질적으로 그러한 기술이 어떤 원리로 사용되는지 배우기 때문에 거기서 새로운 기술을 개발할 수도 있고, 다른 응용에도 활용할 능력을 갖출 수 있습니다. 예를 들어 생물물리학은 생물학을 기존 생물학적 방법론이 아니라 물리학 방법론을 적용해 연구하는 분야입니다.

현대 기술 문명은 하루가 다르게 급변하고 있습니다. 이렇게 급변하는 기술 하나하나를 따라가며 익히고 습득하기는 쉬운 일이 아닐뿐더러 중요하지도 않습니다. 대학에서 취업을 염두에 두고 특정 분야 취업에 특화된 기술을 배운다면, 졸업하거나 심지어 졸업하기도 전에 그 기술은 이미 도태돼 쓸모없어질 수도 있기 때문입니다. 세상이 급변할수록 근본에 충실해야 합니다. 기본적인 과학적 방법론으로 사고하고 이해하고 적용할 수 있는 능력을 기르는 게 앞으로 직업을 갖고 인류 발전에 기여하는 데(그 기여가 아무리 적더라도) 꼭 필요한 요건이 될 것입니다.

· 천재들이 하는 학문

물리학자에게 물리를 하려면 천재여야 하는지 묻는다면, 백이면 백 그렇지 않다고 답할 것입니다. 물론 물리학의 발전에 아인슈타인과 같은 천재 물리학자의 존재는 꼭 필요합니다. 이는 물리학에만 해당하는 것이 아니라 어떤 학문 분야라도 마찬가지입니다. 가끔 등장하는 천재가 그 학문의 방향성을 바꾸기도 하고, 새로운 소분야를 개척하기도 합니다. 따라서 각 학문 분야에서 천재가 등장하는 것은 단지 그 분야뿐만이 아니라 우리 인류에게도 좋은 일입니다.

아인슈타인의 상대성 이론이나 양자역학의 등장은 소수의 천재적인 물리학자만으로 가능했던 일이 아닙니다. 새로운 이론이 등장하려면 기존 이론과 권위에서 벗어나는 현상과 결과가 조금씩 조금씩 등장하고, 이 현상과 결과를 설명하기 위한 새로운 시도가 쌓여야 합니다. 조금씩 어긋난 수많은 결과가 양적으로 쌓입니다. 그러다 보면 기존 이론과 권위를 뒤집는 질적인, 혁명적인 변화가 일어납니다. 우리가 모두 질적인 변화를 주도하는 사람이 되기는 어렵습니다. 천재이고 아니고의 문제가 아니라 양적인 결과들이 쌓여 질적인 변화가 일어나는 상황이 아니면 불가능하기 때문입니다. 물리를 하는 사람 대부분은 어떤 형태로든 지금까지의 결과와는 아주 조금 다른 결과를 찾아가는 사람들입니다. 이 결과들이 쌓이면 언제가 새로운 과학혁명이 등장할 거라고 기대하면서 말입니다.

청소년을 위한 처음 물리학

초판 1쇄 발행 · 2023. 9. 8.
초판 2쇄 발행 · 2024. 7. 20.
—

지은이 권영균
발행인 이상용, 이성훈
발행처 청아출판사
출판등록 1979. 11. 13. 제9-84호
주소 경기도 파주시 회동길 363-15
대표전화 031-955-6031 팩스 031-955-6036
전자우편 chungabook@naver.com

—

ⓒ 권영균, 2023
ISBN 978-89-368-1230-0 03420

—